海上新开发油气田
生产准备良好作业实践

田宇 主编

化学工业出版社

·北京·

本书以南海西部油田某气田群开发项目为例，主要介绍了海上新开发油气田生产准备阶段的项目管理和组织管理方面良好作业实践以及油气田开发方案中的关键技术。本书内容丰富，通俗易懂，切合实际。

本书可供从事油气田开发、生产、管理的研究和设计人员、项目管理人员、施工人员、工程技术人员、运行管理人员使用，也可供相关专业院校师生参考。

图书在版编目（CIP）数据

海上新开发油气田生产准备良好作业实践/田宇主编. —北京：化学工业出版社，2019.2（2022.4 重印）
ISBN 978-7-122-33557-9

Ⅰ.①海… Ⅱ.①田… Ⅲ.①海上油气田-油气田开发 Ⅳ.①TE5

中国版本图书馆 CIP 数据核字（2019）第 000987 号

责任编辑：刘 军 冉海滢 文字编辑：孙凤英
责任校对：张雨彤 装帧设计：关 飞

出版发行：化学工业出版社（北京市东城区青年湖南街 13 号 邮政编码 100011）
印 装：北京新华印刷有限公司
710mm×1000mm 1/16 印张 14½ 字数 206 千字 2022 年 4 月北京第 1 版第 2 次印刷

购书咨询：010-64518888 售后服务：010-64518899
网 址：http://www.cip.com.cn
凡购买本书，如有缺损质量问题，本社销售中心负责调换。

定 价：120.00 元 版权所有 违者必究

本书编写人员名单

顾　　问：唐广荣　崔　嵘　杨　涛（总部）

主　　编：田　宇

副 主 编：李劲松　杨　涛　刘　超　王桂钧
　　　　　屈建红　罗飞箭

参编人员：陶　亮　王成帅　王兆宝　李　茫
　　　　　林洪兵　丁建宁　任　冬　柳　鹏
　　　　　邵智生　张伟宁　虞声明　林宇斌
　　　　　尹燕波　陈养锴　成绍平　陈　英
　　　　　任兆宁　吴高波　徐正伦　陈康成
　　　　　刘赞赞　黄永堤　王　涛　苏　强
　　　　　刘日林　梁薛成　朱俊蒙　梁　薛
　　　　　易良娟

前　言

　　海上油气田的生产是将海底油（气）藏中的原油或天然气开采出来，经过采集、油气水初步分离与加工、短期的储存、装船运输或经海底管道外输的过程。海上油气田开发具有技术复杂、投资高、风险大等特点。目前，中国海洋石油集团有限公司形成了海上油气田开发工程前期研究、项目管理、工程设计、采办制造及安装调试等完整的工程建设力量。

　　近年来，湛江分公司开发的新油气田较多，包括涠洲 12-2 油田二期项目、文昌 9-2/9-3/10-3 气田群项目、东方 13-2 气田群项目等。为了保障新开发油气田项目的顺利试运行，湛江分公司设立了生产准备项目组。从总体开发方案批准到项目试运行前的时间内，生产准备项目组负责项目的技术把关、人员组建、培训取证、物料准备、投产文件编制、调试投产组织等工作。

　　为了总结湛江分公司生产准备良好实践并固化为管理制度和工作流程，同时使项目设计人员及工程管理人员对新油气田生产准备工作有所了解，湛江分公司组织编写了这本书。本书以文昌 9-2/9-3/10-3 气田群开发项目为例，主要介绍了湛江分公司新油气田开发生产准备项目管理、组织管理的良好作业实践，以及油气田开发方案中的关键技术。项目管理良好实践包括计划管理、预算管理、QHSE 管理、试生产文件准备管理、委托代管管理、设备管理、试生产检查管理、安全竣工验收管理、后勤管理、完工总结管理等内容，组织管理良好实践包括党工团建设、培训管理、人员管理、取证管理、文化建设等内容。本书可供石油企业从事新油气田生产准备的相关人员参考，对研究和设计人员、项目管理人员、施工人员、工程技术人员、运行管理人员具有很高的参考价值。

编者

2018 年 10 月

目　录

第4章 文昌9-2/9-3/10-3气田群关键技术运用 123

第5章 相关材料 158

第1章
海上油气田开发概论

 1.1 海上油气田开发工程的特点

1.1.1 中国海洋石油工业及概述

人类开发利用油气资源已有几千年的历史，中国更是世界上最早发现和利用石油与天然气资源的国家之一，3000多年前的《易经》就已经有了关于石油的文字记载。1887年美国加利福尼亚海边数米深的海中第一口油井的钻探揭开了世界海洋石油勘探的序幕。

中国海洋石油工业起步于20世纪50年代。1954年3月李四光在我国燃料工业部石油管理总局作的《从大地构造看我国的石油资源勘探远景》报告中，首次将渤海湾列入中国石油勘探远景区。1956年莺歌海盐场筹备处根据群众报矿，在海南岛西南角的莺歌海村滨岸浅海海域进行过初步的油气田调查。1957年在国家科委海洋组领导组织下，于渤海、渤海海峡和北黄海西部海区进行了多船同步调查，调查每季度一次，一年共进行四次，通过调查首次获得了系统的海洋资料，从而揭开了我国大规模海洋综合调查的序幕。与此同时，石油工业部对海洋石油勘探也十分重视，不仅及时贯彻了国家的重大决策，还不失时机地具体部署了海洋石油的调查和勘探工作。1957年石油工业部华北勘探处与地质部石油普查队对渤海南部沿岸进行油气田调查；1958年地质部山东省石油普查队沿渤海湾从荣城到大沽口进行近海油气田调查；1959年石油工业部联合组建第一支海上地震队，在渤海近岸浅海中进行地震勘探方法试验。

趁着海洋石油勘探工作的大好形势，很快组建了钻井队伍。1965年5月，第一批海军战士复员到海洋勘探指挥部筹备处报到，共计50余人，他们熟悉海洋，有海上航行的宝贵经验，以此为基础再配备上陆地钻井的各种技术人才和工人，组成了我国海上第一支钻井队伍——3206队，这是一支"陆军海战队"式的特殊队伍。

1966年完成了我国第一座桩基式钻井平台的设计，同年12月完成了我国自己设计的混凝土桩基钢架固定式1号钻井平台的制造。1966年12月31日，海1井（QK17-2）正式开钻，次年5月6日钻达2441.49m上第三系馆陶组地层时完钻，6月14日凌晨海1井喜喷原油，经过测试，从上第三系明化镇组地层中用6mm油嘴自喷原油49.15t。这是中国海上第一口真正的石油探井，也是中国海上第一个含油构造；后来在1号钻井平台上又钻了3口斜井，将平台改建成1号试验采油平台，投产后，当年采油1963t，到1967年年底累计产油2.01万吨，从此开始了我国海上生产原油的历史，开创了渤海油气勘探开发的新局面，标志着我国海洋石油工业的开始。

进入20世纪70年代后，我国海上大陆架石油勘探力度进一步加大。1973年，燃料化学工业部海洋勘探指挥部从日本引进自升式钻井平台"潮海2号"，随后又引进了渤海4号、渤海6号、渤海8号、渤海10号、南海1号和勘探2号自升式钻井平台，以及南海2号半滑式钻井平台，并从法国购买了一艘数字地震船"南海501号"。与此同时，我们还自行设计和监造了渤海3号、渤海5号、渤海7号、潮海9号、潮海11号自升式钻井船，滨海102起重船（500t）、滨海107海上打桩船（60t），以及滨海306、滨海307导管架下水驳船等大型海上装备，其中渤海 5 号、渤海 7 号自升式钻井船设计获国家科技进步二等奖（1985 年）。先后在南海北部湾、莺歌海、南黄海和渤海海域组织渤海勘探队伍，按陆上经验，将钻机搬到海上，决定建造固定式海上石油钻井工台。为此，在组建渤海勘探队伍的同时组建了包括设计、制造、海上施工的油田工程建设队伍，开始海上平台设计、建造工作。1967 年我国自行建造的渤海 1 号平台投产，标志着我国海洋石油工程建设的起步。

进入 20 世纪 80 年代后，特别是中国海洋石油集团公司（简称集团公司）成立后，海洋石油工程建设队伍逐步走向正规，采取"请进来，走出去"的方式，学习国外工程项目管理经验，引进国际标准和规范，全面掌握海上油气田工程建设的设计技术、制造技术和安装技术。

20 世纪 90 年代中国海洋石油集团公司又重新组建了中海石油工程设计公司、中海石油平台制造公司和中海石油海上工程公司，并于 1995 年 8 月成立了海上油气生产研究中心，形成了海上油气田开发工程前期研究、项目管理、工程设计、采办制造及安装调试等完整的工程建设力量。

1.1.2　海上油气田的生产特点

海上油气田的生产是将海底油（气）藏中的原油或天然气开采出来，经过采集、油气水初步分离与加工、短期的储存、装船运输或经河底管道外输的过程。海上油气田开发具有技术复杂、投资高、风险大等特点。由于海上油气生产是在海洋平台上或其他海上生产设施上进行，因而海上油气的生产与集输，有其自身的特点。

（1）适应恶劣的海况和海洋环境的要求　海上平台或其他海上生产设施要经受各种恶劣气候和风浪的袭击，经受海水的腐蚀，经受地震的危害。为确保海洋平台的安全和可靠，对海上生产设施的设计和建造提出了严格的要求。

（2）满足安全生产的要求　由于海上采出的油气是易燃易爆的危险品，各种生产作业频繁，发生事故的可能性很大，同时受平台空间的限制，油气处理设施、电气设施和人员住房可能集中在同一平台上，因此，为了保证操作人员的安全，保证生产设备的正常运行和维护，对平台的安全生产提出了极为严格的要求。

（3）满足海洋环境保护的要求　油气生产过程可能对海洋造成污染。一是正常作业情况下，油气生产污水以及其他污水排放；二是各种海洋石油生产作业事故造成的原油泄漏。因此，海上油气生产设施必须设置污水处理设备，还应设置原油泄漏的处理设施。

（4）平台布置紧凑，自动化程度高　由于平台大小决定了投资的多少，因此要求平台上的设备尺寸要小，效率要高，布局要紧凑。另外，由于平台上操作人员少，因而要求设备的自动化程度高，一般都设置中央控制系统对海上油气集输和公用设施运行进行集中监控。

（5）可靠、完善的生产生活供应系统　海上生产设施远离陆地，从几十公里到几百公里不等，因此必须建立一套完善的后勤供应系统满足海上平台的生产和生活需要。

（6）独立的供电/配电系统　海上生产、生活设施的电气系统不同于陆上油田所采用的电网供电方式，油气田的生产运行大多采用自发电集中供电的方式。为了保证生产的连续性和生产、生活的安全性，一般还应设置备用电站和应急电站。

1.1.3　海上油气田的开发模式

（1）全海式开发模式　全海式开发模式指钻井、完井、油气水生产处理，以及储存和外输均在海上完成的开发模式。海上平台还设有电站、热站、生活和消防等生产生活设施。在距离海上油田适当位置的港口，租用或建设生产运营支持基地，负责海上钻完井期间、建造安装期间和生产运营期间的生产物资、建设材料和生活必需品的供应。

常见的全海式开发模式有以下几种：

① 井口平台＋FPSO（floating production storage offloading system，浮式生产储油外输系统）　这是最常见的全海式开发模式，例如渤中28-1油田、渤中34-2/4E油田、秦皇岛32-6油田、西江23-1油田、文昌13-1/13-2油田、番禺4-2/5-1油田、文昌油田群等。

② 井口中心平台（或井口平台＋中心平台）＋FPSO　例如陆丰

13-1 油田。

③ 水下生产系统＋FPSO　水下生产系统已越来越广泛地用于全海式油气田的开发，例如陆丰 22-1 油田。

④ 水下生产系统＋FPS（floating production system）＋FPSO　例如流花 11-1 油田。

⑤ 水下生产系统回接到固定平台　例如惠州 32-5 油田、惠州 26-1N 油田等。

⑥ 井口平台＋处理平台＋水上储罐平台＋外输系统　例如埕北油田。这种模式由于水上储罐储量小、造价高，已不适应现代海上油田的开发需要。在中国海域仅埕北油田一例使用该种模式。

⑦ 井口平台＋水下储罐处理平台＋外输系统　例如锦州 9-3 油田。

（2）半海半陆式开发模式　半海半陆式开发模式指钻井、完井、原油生产处理（部分处理或完全处理）在海上平台上进行，经部分处理后的油水或完全处理后的合格原油经海底管道或陆桥管道输送到陆上终端，在陆上终端进一步处理后进入储罐储存或直接进入储罐储存，然后通过陆地输油管网或原油外输码头（或外输单点）外输销售的开发模式。

常见的半海半陆式开发模式有以下几种：

① 井口平台＋中心平台＋海底管道＋陆上终端　这是最常见的半海半陆式开发模式。例如锦州 20-2 凝析气田、绥中 36-1 油田、旅大 10-1/5-2/4-2 油田、平湖油气田、春晓气田、崖 13-1 气田、东方 1-1 气田、涠洲油田群等。

② 生产平台＋中心平台＋水下井口＋海底管道＋陆上终端　例如乐东 22-1/15-1 气田、文昌 9-2/9-3/10-3 气田。

③ 井口/中心平台（填海堆积式）＋陆桥管道＋陆上终端　这种开发模式一般用于浅海、滩海地区，目前中国海洋石油集团公司所属海口油田尚没有这种开发模式，胜利油田、辽河油田有这种开发模式。

1.1.4　"三新三化"管理要求

1.1.4.1　"三新三化"总体情况

"三新三化"具体指新技术、新材料、新工艺和标准化、国产化、简易化。"三新三化"的优良传统，能够有效降低油田开发成本。2017年集团公司工作会议重申贯彻"三新三化"理念，降低开发成本。集团公司还为此成立了"三新三化"领导小组，并于 2017 年 3 月召开首次会议，全方位部署"三新三化"工作。

"三新三化"是个系统工程，必须以系统性的思维和方法来推动。要严格遵循集团公司"三新三化"顶层设计，例如，严格遵照集团公司发布的工程建设"三新三化"推荐产品及技术清单。具体落实时，以项目需求为导向，充分识别项目投资架构、主要技术风险，在了解国内外市场和技术的基础上，责任到人，步步落实。

项目前期研究伊始，湛江分公司相关部门及生产代表就主动介入，提出"三新三化"具体建议，纳入总体开发方案（overall development plan，ODP）。随后严格遵守相关规范标准，严谨试验。例如，东方 1-1 气田一期工程建设项目中的 12in（1in＝2.54cm，下同）大口径软管国产化前，湛江分公司项目组成员熟读、消化软管国际标准规范，踩准技术关键控制点，然后咨询国内外相关专家，获得信息与技术支持，再与国内厂家反复开展相关试验，引入权威第三方严格检验每一道程序。环环严格、丝丝入扣，最终实现软管国产化。为探索深水油气田水下开发技术，湛江分公司将原本可以用常规技术方案开发的崖城 13-4 气田作为深水气田开发，研制了一批适合深水油气田开发的专利产品和创新技术。文昌 9-2/9-3/10-3 项目通过"三新三化"，国产化设备达到 90%，并在高温高湿的海上环境中高效完成平台设备全方位连接调试，将建造费用降低了 1.6 亿元。

湛江分公司在实施项目"三新三化"的过程中既大胆创新又谨慎实施。组块建造前，理清设备设施运行原理、功能与标准，编写"三新三化"清单与管理程序，周密分析、识别潜在风险点，制订针对性举措。具体实施中，与相关厂家一起动态跟踪，严格试验、严谨审查。

1.1.4.2 "三新三化"工作原则及流程

（1）工作原则 "三新三化"要确保技术可行、风险可控，能够满足项目使用要求并同时满足规范要求，满足工程工期决策时间点要求。

推行过程需识别对各个阶段调整/优化的影响，反馈至各个阶段调整"四评/四篇（安评、环评、职评、节能评估/安全篇、环保篇、职卫篇、节能篇）"。

"三新三化"并非"一用就灵"。如果新技术、新材料、新工艺尚不成熟，贸然推广应用反而适得其反。说到底，通过"三新三化"提质增效，必须考虑周全。

对于技术成熟、质量可靠、有同类应用业绩的新技术、新材料、新工艺及国产化产品，我们大胆推广应用；对于较成熟、质量较可靠但应用少的，则应充分论证与试验，谨慎应用。

南海西部由于面临油气藏的特殊性，如深水、高温高压，因而新的工程建设项目大多没有成熟的"三新三化"产品与技术可用。对此，湛江分公司结合项目实际，积极探索，研究成功后再应用，因而面临的风险更大，如履薄冰。湛江分公司的做法是：积极探索但不冒进。探索时，从设计阶段就要求适当高于规范，毕竟规范只是最低要求。但高于规范开展工作，合作方从其利益出发一般是拒绝的，这就要求我们不仅要有扎实的技术功底，还要有主人翁的责任心，去说服合作方。

（2）各阶段工程管理办法

① 启动阶段　编制针对具体项目的"三新三化"工作策略，包括各方推荐和自主实施的"三新三化"工作清单和匹配工程里程碑的论证工作计划等，"三新三化"工作策略内部专项评审后由工程和业主审批。

② 运行阶段（前段）　按照计划节点开展工作，编制专项工作月报。通过厂商/施工调研、技术方案审查、相关技术和管理风险识别/应对等方面，充分论证"三新三化"的可靠性，编制论证报告/可行性分析报告/优化报告。

③ 运行阶段（后段）　审查审批通过后，进入采办/施工执行阶段，着重审查厂商质量控制过程文件、设备材料证书，QA/QC（quality assurance/quality control，质量保证/质量控制）小组和技术人员驻厂/场监督严控"三新三化"制造和施工过程质量。

④ 收尾阶段　进入"三新三化"阶段并进行完工总结，做好应用后的评价为后续推广积累经验，做好知识产权保护、专利申请等工作，

将具体项目的"三新三化"工作成果转化为持续的技术竞争力。

（3）工程专项工作流程　"三新三化"专项工作流程图如图 1-1
所示。

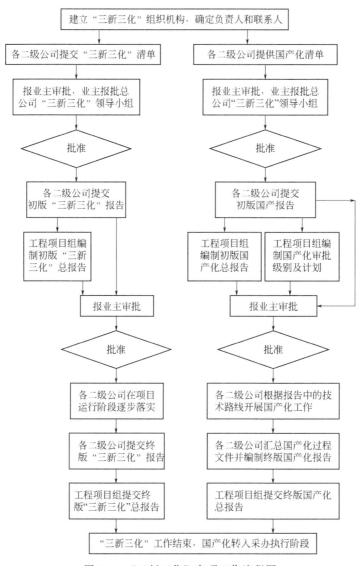

图 1-1　"三新三化"专项工作流程图

1.1.4.3　"三新三化"在文昌 9-2/9-3/10-3 项目中的运用

文昌 9-2/9-3/10-3 项目伊始，就确定了作为源头提质增效、推进

"三新三化"试验田的主基调。推动"三新三化",培养企业国产化能力,与公司未来的产业规划保持一致。通过方案优化、技术创新、管理创新等措施,从设计源头上全面推行"三新三化"工作,在提质增效方面形成了可推广的样本。文昌 9-2/9-3/10-3 气田群项目通过开展"三新三化"工作,国产化设备应用达到 90%,并在高温高湿的海上环境中高效完成了平台设备全方位连接调试。

文昌 9-2/9-3 中心平台组块(下称文昌组块)重 12800t。仅在组块建造中,就成功应用新技术 15 项,新材料 1 项,新工艺 10 项,标准化 14 项,国产化 27 项,简易化 6 项。例如:新技术方面,采用外试压技术安装膨胀弯管;新材料方面,将干气外输海管由无缝管改为高频焊缝管;新工艺方面,摒弃以前"一刀切"使用镍镉电池,应急机启动电池等按需采用不同电池;简易化方面,减少排风机、低压开关柜;标准化方面,推广使用井口控制盘的标准化设计。

此外,文昌 9-2/9-3/10-3 气田群项目是首次由海油工程独立承揽完整水下 EPCI 总包工作的项目,联合项目组通过严格审查、管理优化和技术改进,推动并实现了脐带缆、水下软管和水下阀门等一大批国产化水下设备的应用。例如:通过优化工艺流程,优化干气和湿气压缩机的驱动方式,由燃气内燃机驱动改为电力变频驱动,解决了因配产变化大压缩机选型难的问题;通过优化平台总体布置、有效的振动分析计算和加强平台强度,解决了平台振动源多的问题等。与此同时,项目团队集中攻克了海油多项技术难题,如立管防腐体系优化、海水提升泵质量提升、冶金复合弯小半径弯头制造工艺困难等,实现了多项设备的国产化。

(1)新技术的运用

① 建造一体化 计划匹配方面,实现详设图纸提交计划、厂家资料送审计划、施工用材料到货计划、设备到货计划的合理匹配。优化工序方面,优化施工工序,实现图纸、人力、材料的最优化结合。降本增效方面,节省人力、场地及生产机具等资源,减少返工,提高生产效率,降低生产成本,提升施工质量。建造一体化新技术示意图如图 1-2 所示。

② 生活设施一体化 项目管理方案由简单的生活设备设施购置变

图 1-2　建造一体化新技术示意图

为集前期调研、中期设备配套及房间布置、后期安装调试和维护保养等于一体的工作。项目最大限度地提升了生活楼空间和设施的使用效率，改善了生活设施的服务质量。生活设施一体化模式，实现了"抱团取暖，降本增效"的目标，同时也深化了与关联单位的合作机制，为今后项目管理模式的优化奠定了基础。

（2）国产化的运用　文昌 9-2/9-3/10-3 项目国产化产品分类统计表如表 1-1 所示。一类 16 项，以往复式压缩机、三甘醇（TEG）脱水/再生撬、水下管汇为代表；二类 9 项，以脐带缆和水下软管为代表；三类 2 项，分别为 LMU 和水下阀门国产化。

表 1-1　文昌 9-2/9-3/10-3 项目国产化产品分类统计表

国产化类别	一类		二类		三类		图示说明
	在集团公司"三新三化"推荐名单中	不在集团公司"三新三化"推荐名单中	在集团公司"三新三化"推荐名单中	不在集团公司"三新三化"推荐名单中	在集团公司"三新三化"推荐名单中	不在集团公司"三新三化"推荐名单中	审查级别
利用社会资源推广产品	关断阀、调节阀、雾笛导航、T形阳极、渗锌紧固件、双金属复合管	安全阀	6寸(1寸＝3.33cm，下同)软管、8寸软管、脐带缆、UPS、水下虚拟计量系统	跨接管涡激振动抑制装置、HPU液压动力单元、TUTA脐带缆平台终端	水下阀门	—	国产化报告及产品清单提交业主、海洋石油集团公司审查;不需组织海洋石油集团公司级专家审查会

国产化类别	一类		二类		三类		图示说明
	在集团公司"三新三化"推荐名单中	不在集团公司"三新三化"推荐名单中	在集团公司"三新三化"推荐名单中	不在集团公司"三新三化"推荐名单中	在集团公司"三新三化"推荐名单中	不在集团公司"三新三化"推荐名单中	审查级别
海工二级单位推广产品	往复式压缩机、TEG脱水/再生撬、中控系统/PMS电站管理系统、水下产品（PLEM、WYE、JUMPER等）	井口控制盘、中压开关柜、低压开关柜、分电箱/按钮站/防爆箱、大型成撬设备PLC现场控制盘	—	—	—	LMU	国产化报告及产品清单提交业主、海总审查；由业主方组织海总级专家审查会，邀请海工、海总专家和第三方参会

①"国产化"产品质量管控措施　项目组将安排相关人员参加厂商原材料入厂检验工作，厂商需报批设计文件和图纸供业主、设计人员和第二方认证机构审查，审查通过后方可排产；厂商需报批产品关键部件品牌及选型供项目组批准；产品制造的关键节点将安排相关人员参与见证，部分产品（如水下设施）将安排人员对产品生产的全过程进行见证；厂商需按合同的要求取得第三方船检机构颁发的产品认证证书和合同中规定的产品相关证书；对于产品出厂试验及验收，将安排相关人员参加，并对问题进行记录、跟踪和关闭处理；对于产品在平台的调试工作，将安排专人跟踪，对出现的问题进行记录、跟踪和关闭处理。

②国产往复式天然气压缩机的运用　3台湿气压缩机和2台干气压缩机机头采用进口产品，1台低压压缩机机头采用国产产品，驱动电机选用国产防爆电机，特种装备公司完成所有往复式压缩机整体的成撬设计、制造、调试、运输、售后服务等工作。国产往复式天然气压缩机示意图如图1-3所示。

③国产三甘醇脱水/再生撬的运用　海工特种装备公司选择与国外技术成熟的厂商（如朗鲁、Escher等）合作，引进国外成熟的工艺系统设计技术并消化吸收，完成了容器设计制造与整体成撬，充分发挥了

对标内容	国外设备	国内设备
设计软件	国外专业软件	引进同类产品
执行标准	国际标准	国内、国际标准
标准化设计	标准化程度高	标准化程度较高
产品价格	高	较低
供货周期	24~26周	18周
计量标准 (与我国相比)	不同	相同
售后服务	不能适时保证	较能适时保证

图 1-3　国产往复式天然气压缩机示意图

特种设备公司在这一方面的技术优势。国产化后，TEG 脱水/再生撬可节约工期 4 个月左右，节约成本 20％左右，约 1900 万元。

④ 国产水下脐带缆的运用　水下脐带缆信息表如表 1-2 所示。

表 1-2　水下脐带缆信息表

对标内容	国外厂家	国内厂家
参考厂家	Nexans、Aker 等	宁波东方电缆厂
设计软件	国外专业软件	引进同类产品
执行标准	国际标准	国际标准
使用业绩	有较多业绩	无类似文昌项目规模的产品业绩
产品认证	可获得 DNV 等认证机构认证	根据文昌项目脐带缆规格生产的样缆 已经获得 DNV 认证
供货周期	—	可节省工期约 7 个月
产品价格	—	可降低成本 30％左右，约 2000 万元
售后服务	不能适时保证	有专业维护团队，能适时保证

⑤ 国产 LMU 的运用　由海洋工程安装公司承揽，依托科研项目的应用成果，由安装公司自主设计并完成结构件制造、产品装配、检验和试验工作。LMU 信息表如表 1-3 所示，示意图如图 1-4 所示。

表 1-3　LMU 信息表

对标内容	国外设备	国内设备
参考厂家	Paulstra、EPI、Trelleborg 等	安装公司
应用业绩	HZ25-8、QHD32-6、LW3-1、JX1-1	无，国产化成功可填补国内空白
产品价格	高	较低，可节约 400 万～600 万元

对标内容	国外设备	国内设备
供货周期	8个月	3个月,可缩短工期5个月
橡胶件	国外厂家	国内采办
售后服务	不能适时保证	能适时保证

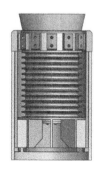

图1-4　LMU示意图

⑥ 国产水下球阀的运用　水下阀门以匣阀与球阀为主,作为水下生产系统的核心设备,对于水下油气资源的开发有着非常重要的作用。然而,水下阀门在市场和技术方面长期以来由国外少数几个阀门公司垄断,不仅价格奇高,供货周期长达1年,而且交货条件十分苛刻。水下阀门后期维护保养工作也常常受制于人。

为打破国外垄断的局面,实现国产水下阀门零的突破,文昌9-2/9-3/10-3气田群工程项目联合海油工程、阀门厂家成立水下阀门国产化专项联合小组(下称联合小组)开展了技术专项攻关。联合小组仔细研读相关规范,借鉴进口水下阀门技术资料,充分辨识水下阀门研发期间的质量风险点,并对设计、材料、制造、试验的过程实行全方位质量把关。经过两年的努力,联合小组成功解决了水下阀门水下防腐、海底外压、水下执行器、阀门可靠性等难题,制造出样机,并通过了美国石油协会(API)的性能、使用寿命和高压舱测试。设计、制造和测试全过程通过了集团公司相关部门和专家评审,最终形成了一套国产化水下阀门设计选材、加工制造、检验测试的技术文件和规程。

水下阀门成功国产化可使采购价格降低40%以上,供货期缩短约5个月,成功打破了国外厂家的技术封锁。

⑦ 中压变频器国产化　文昌 9-2/9-3/10-3 气田群共有四台中压变频器，厂家为上海能科节能股份有限公司，变频器都是 NC HVVF 系列高压变频调速装置，此产品以高可靠性、易操作、高性能为设计目标。NC HVVF 系列高压变频调速装置采用单元串联多电平结构、无速度传感器矢量控制。产品具有如下特点：

a. 高-高电压源型变频调速系统，直接高压输入，直接高压输出，不需输出变压器。

b. 单元串联多电平结构，多脉冲整流，多电平 PWM 输出，不需输出滤波装置，可接普通高压电机，对电缆、电机绝缘无损害，电机谐波少，减少轴承、叶片的机械振动，输出电缆可长达 1000m。

c. 无速度传感器矢量控制，闭环矢量控制和 V/F 控制菜单可选。

d. 允许高压电网电压最大波动±35％。

e. 高压主回路与控制器之间为光纤连接，安全可靠。

f. 内置 PLC，模拟量、开关量 I/O 可编程序，可扩展，易于改变控制逻辑关系，适应多变的现场需要；内含工艺变量 PID 闭环控制功能，可开环运行，也可闭环运行。

g. 故障自动复位功能，转速跟踪再启动功能。

其中中压变频器为"三新三化"技术在文昌气田项目的一项重要应用，中压变频器"一拖二"功能即一台变频器同时控制两台压缩机，可节省一台变频器的占地空间和采购费用。

1.1.5　完整性管理要求

1.1.5.1　湛江分公司设备设施完整性管理体系简介

湛江分公司设备设施完整性管理体系主要制定设备设施完整性管理方针、目标和指标，使设备设施管理得到全面提升和显著改进，持续满足海洋石油勘探开发生产的需要。该体系适用于设备设施完整性管理的四个阶段，即前期研究、工程建设、运营维护和废弃处置。该体系涉及公司设备设施生命周期的相关业务活动。其适用对象包括固定平台、浮式储油装置、单点、海底管线/海底电缆、水下生产系统、陆岸终端等油气田设备设施及与设备设施相关的人力资源和信息资产。

（1）前期研究阶段完整性关键活动控制

① 前期研究阶段完整性管理工作重点如下：在 ODP 报告编制时须设立独立的篇章来论述完整性分析及保障性措施的建议，分析在 ODP 编制过程中与将来设备设施完整性密切相关的因素和环节，提出控制要求，辨识出 ODP 编制过程自身影响完整性的具体因素并制定出控制措施；要对关键设备设施（如 FPSO、单点、海管海缆、平台结构等）的选型、选材和采购提出关键技术指标要求，对设备设施在设计、建造、安装、调试、运营维护中与完整性密切相关的因素提出分析和原则性控制要求或指导意见；要关注油藏物性数据的准确性和代表性分析、所选用的自然环境数据的可靠性、地貌及工程地质的调查情况、腐蚀研究等；要加强关键设备设施运营维护的监测要求等。通过这些工作保证前期研究工程方案符合完整性管理要求，具体执行《ODP 完整性分析报告编写指南》中的要求。

② 为实现设备设施的生命周期管理，生产与设备设施主管部门应向前期研究主管单位派遣生产代表，工程建设主管部门应派出工程代表，参与前期研究阶段的相关工作。

（2）工程建设阶段完整性关键活动控制

① 工程建设阶段基本设计中设立独立篇章，细化在工程建设后续阶段及运营维护阶段设备设施的完整性要求及保障性措施，同时要对 ODP 完整性论述篇中的要求进行详尽解析和落实。生产与设备设施主管部门应向设计方案的审查单位派遣生产代表，全程参与设计审查的相关工作。

② 工程建设阶段建造、安装、单机和联机调试的完整性管理工作重点包括材料及设备的验收、施工方案审查、施工质量控制、调试与验收、资料的汇编和移交等活动。生产与设备设施主管部门应向工程建设项目组派遣生产代表，跟踪施工现场各项设备设施完整性管理活动，具体执行《提前介入工作管理程序》《机械完工与投运验收指标》《试运行方案编制作业指导书》《生产适应性评估技术指南》《隐蔽设备设施质量控制管理程序》《悬链系泊系统质量控制指导书》《海缆质量控制指导

书》和《海底管线质量管理作业指导书》等文件。

（3）运营维护阶段完整性关键活动控制

① 运营维护阶段完整性管理工作重点包括设备设施的状态监视、日常管理、维修维护、闲置禁用、升级改造、相关资料的收集和更新等活动。设备设施根据重要程度、管理原则和操作维护条件的差异实施分级管理，具体执行《在役设备设施管理程序》；对设备设施周边环境的动态监测执行《设施周边环境监测管理细则》；对压力容器的检测执行《压力容器基于风险的检测作业指导书》；对设备设施基本运行参数的管理执行《运行工况设置管理细则》；对设备设施抢维修的准备与实施的管理执行《设备设施抢维修管理程序》；对设备禁用和闲置的管理执行《禁用和闲置设备设施管理程序》；对介质组分化验执行《介质组分化验管理细则》；对设备设施的润滑执行《润滑剂与液压油管理实施指南》；对设备设施的检验检测执行《最低检验要求作业指导书》。

② 设备设施完整性管理人员应不定期对设备设施进行现场检查，检查要求及内容执行《设备设施检查监督管理程序》；对设备设施缺陷上报、处置和记录的管理执行《缺陷管理作业指导书》。

（4）废弃处置阶段完整性关键活动控制　废弃处置阶段的完整性管理工作重点包括设备设施废弃前的评估、失效原因分析、废弃设备设施拆除和处置方案的制定、可回收设备的再利用等活动。对设备设施废弃处置的管理执行《中国海洋石油总公司境内海上油（气）田生产设施废弃处置管理办法（试行）》。

（5）设备设施生命周期共性活动控制

① 法定文件及相关要求有效性审查　为确保在 ODP 编制、基本设计、详细设计和施工建造等过程中使用的设备设施相关法律法规、标准和规范齐全、有效，对法律法规和其他要求的获取、识别、更新的管控执行《设备设施适用法律法规和其他要求管理程序》。

② 设备设施的风险、隐患和事件（事故）识别和分析　为确保设备设施生命周期内的安全性，依据早发现、早处理、早整改的原则，对设备设施相关风险的管控执行《设备设施完整性风险管理程序》；对设备设施隐患的管控执行公司 QHSE 部相关规定；对设备设施失效事件

（事故）的管控执行《设备设施失效事件（事故）和不符合管理程序》。

③ 设备设施生命周期数据采集　为确保设备设施相关数据采集工作的准确性、全面性和及时性，对设备设施相关数据采集的管理执行《设计基础数据采集精度要求》《前期研究及工程建设数据采集交接作业指导书》和《运营维护数据采集作业指导书》。

④ 设备设施安全关键设置及仪表管控　为确保设备设施的安全运行，对设备设施安全关键设置和仪表系统进行管控。

⑤ 腐蚀管控　为控制设备设施因腐蚀造成的不利影响，降低腐蚀造成的危害，对防腐设计、腐蚀余量计算、防腐方式的选择、腐蚀检测等活动的管控执行《腐蚀控制作业指导书》。

⑥ 采办关键点管控　为确保采办物资和服务满足规定要求，对采购物资技术参数和选型、供应商/服务商资质审查、采办招标名单审查、技术评标及技术谈判、技术文件审查、设备物资出厂测试与验收等执行《中国海洋石油总公司采办管理制度》，在此基础上强化采办关键点的管控。

⑦ 设备设施的信息管理　为确保各相关方能够得到统一、准确的信息，对设备设施信息传递、使用、处理、归档、维护的管理执行《设备设施完整性信息管理程序》和《信息管理系统使用和维护作业指导书》。

⑧ 变更管理　为控制设备设施因升级、改造、日常作业等发生的变更活动，对设备设施的变更管理执行《设备设施变更管理程序》等。

1.1.5.2　生产准备阶段完整性管理

（1）生产准备阶段完整性管理要求　生产准备阶段完整性管理主要包括两个阶段：前期研究阶段和工程建设阶段。在前期研究阶段，生产准备组的管理主要依据《提前介入工作管理程序》，生产代表主要责任如下：

① 负责收集类似油气田开发方案的良好作业实践和经验教训，并向前期研究和工程设计单位反馈。

② 参与油（气）田开发项目可行性研究和 ODP 报告的编制工作。

③ 负责对油（气）田开发方案中所采用的注（采）及地面工艺进

行技术把关，并对其在本项目中的适应性负责。

④ 参与审查油（气）田总体开发方案、油（气）田开发方案的重大变更、基本设计、详细设计和试运行方案。

⑤ 工程建设阶段是生产准备组参与的主要阶段。在此阶段依据《提前介入工作管理程序》《机械完工与投运验收指标》《试运行方案编制作业指导书》《生产适应性评估技术指南》《隐蔽设备设施质量控制管理程序》《悬链系泊系统质量控制指导书》《海缆质量控制指导书》《海底管线质量管理作业指导书》等对整个平台的建造、安装、调试作业进行跟踪和监控，对存在的问题及时进行反馈和跟踪。

（2）文昌 9-2/9-3/10-3 项目生产准备组完整性管理实例　为了做好生产准备阶段完整性管理，生产准备组根据现场实际情况编制了《文昌 9-2/9-3/10-3 气田建造与调试问题管理程序》和《文昌 9-2/9-3/10-3 气田设备调试管理程序》，对设备出厂 FAT、现场建造安装、调试过程中的资料收集、作业程序、问题跟踪给出指导。在整个建造安装过程中，将平台主要设备分为 53 个台套设备，每个台套设备责任落实到人，并对每个台套设备的资料进行完整性、标准化收集主要包括 FAT、完工文件、调试程序、调试前检查确认表、调试表格、PUSHLIST、参考资料等。平台设备责任分解表如表 1-4 所示，平台设备完整性资料收集示意图如图 1-5 所示。

表 1-4　平台设备责任分解表

应急低压配电系统	任某某、陈某某
消防水系统	成某某、张某某、林某某
中控系统联调	吴某某、徐某某、虞某某、尹某某
主生产工艺系统	虞某某、尹某某、张某某、林某某
生活污水处理装置	成某某、陈某、徐某某、虞某某
透平发电机组	黄某某、陈某某、徐某某、任某某
燃气往复式发电机组	刘某某、黄某某、陈某某
公用气、仪表风系统	吴某某、任某某、陈某某、虞某某
中压配电系统	陈某、王某、吴某某
淡水系统	成某某、虞某某、陈某某、徐某某

自动反冲洗滤器	陈某某、张某某、任某某、徐某某
化学药剂注入系统	陈某某、尹某某、任某某、徐某某
燃料气系统	黄某某、陈某某、张某某、尹某某
天然气外输计量系统	吴某某、尹某某、林某某
干湿气压缩机	陈某某、吴某某、徐某某、陈某、林某某
低压气回收压缩机	成某某、吴某某、徐某某、任某某、张某某

图 1-5　平台设备完整性资料收集示意图

　　生产准备组还编制了设备设置问题跟踪表，对设备的问题进行全过程记录和跟踪，定期对问题跟踪表进行检查和更新，对问题进行分类。重点关注和推动影响投产的问题，保证试生产前得到解决。

1.1.6　绿色低碳油田管理要求

1.1.6.1　海上油气建设项目节能要求

　　项目工程设计中应贯彻节约能源、合理高效利用能源的原则，降低能源消耗，提高油气田开发的经济效益。具体要求如下：

　　① 海上油气田总体开发方案应进行合理用能的分析。

　　② 总体开发方案和基本设计应有节能篇（章），阐述耗能的种类和数量、设计能耗指标、主要节能措施等内容。

　　③ 评价工程设计的能耗水平时，应说明其范围及特点。新建项目的设计能耗指标应达到国内同类工程项目的先进水平。

　　④ 设计中应采取以下措施降低海上油气田工程的综合能耗和油气损耗：

a. 应采用能耗利用合理、油气损耗低的油气处理、集输工艺和设备；

b. 优化海上油气田的总体布置和主要工艺设备的设计参数；

c. 根据油气田生产不断变化的特点，应根据工程规模合理采购、使用能耗设备，必要时可分期采购设备；

d. 应采用新型高效节能设备；

e. 根据海上油气田具体情况，可采用电动机调速节能及电力电子节能技术，提高电能利用效率；

f. 优化系统压力，做好压力平衡，减少增压能耗；

g. 应优化加热和换热过程，做好热能、冷能平衡，提高热能利用率；

h. 应做好油、气、供热等管线和设备的保温（冷），减少散热（冷）损失；

i. 根据海上油气田具体情况，宜实行燃气驱动、热电和热动力联供，做好能量平衡，提高能源综合利用水平；

j. 应采用成熟适用的自控技术，提高产品质量，减少能耗；

k. 应合理选用配套工艺设施，提高机械采油、注水、油气输送系统的能源利用水平。

1.1.6.2 海上油气建设项目能源计量器具要求

（1）总体要求　海上油气建设项目综合能耗主要以天然气、柴油、电力、水的消耗为主，能源计量器具分为一级计量器、二级计量器以及三级计量器。

① 一级计量器（进出用能单位层次）　输入分公司的能源（油气井产油产气，输入平台的柴油、淡水，外购电等）、外售的能源（天然气、原油、凝析油、LPG等）、火炬或冷放空的计量等属于此类。一级计量器具配备率要求为100%。

② 二级计量器（进出主要次级用能单位层次）　分公司范围内油田、气田、终端之间能源输入输出的计量属于此类。例如海上平台外输的天然气进入终端时平台的外输计量和终端接收计量、电力组网中油气

田间的电力输入和输出。除载能工质能源计量器具（蒸汽计量配备率要求为80％，水计量配备率要求为90％）外，其余的二级计量器具配备率要求为100％。

③ 三级计量器（主要用能设备层次）　主要包括单位耗电≥50kW·h的用能设备的计量工具、天然气消耗≥100m³/h的用能设备的计量器具。能源种类为电力的三级计量器配备率要求为95％，能源种类为天然气的三级计量器具配备率要求为90％。

（2）海上生产设施能源计量配备实施要求

① 计量项目要求

a. 输入输出能源总量　包括输入输出海上石油天然气生产平台、浮式生产储油装置（FPSO）的原油、天然气，进入火炬或冷放空排放的天然气量，输入海水量，输入淡水量，输入柴油量，输入航油量，输入输出平台的电量等。

b. 用能单元使用的能源和载能工质　包括生产系统用电量，电站用气量、用油量，热站用气量、用油量，主要柴油用户的用量，其他单台主要用能设备的耗能量。

c. 自产能源　包括主电站的发电量等。

d. 可利用的余能　由于技术手段的限制，目前暂时考虑测电站和锅炉排放烟气的温度。用于原油、天然气贸易结算的计量器具应按相应的规范要求配备。

e. 电站、热站、柴油系统、海水系统、淡水系统等属于集中管理同类用能设备的用能单元，其分配总进口已配备了能源总量计量器具，对单用户可以不再单独配备能源计量器具。

f. 对需要考核单台设备效率的电站、热站应计量电站、热站单台设备消耗的燃料。

g. 油气田生产的油气输出量宜取外输计量值，若无外输计量时可能需要累计多个计量值得到。

② 电能计量项目要求

a. 输入输出电能计量　包括主发电机发电量；为井口平台供电的主变压器及升压变压器；采用海底电缆供电的井口平台的进线；采用海

底电缆供电，用变压器作为主电源的变压器。

b. 用电单元的电能计量　包括平台主变压器、照明系统、电伴热系统、生活区及大于或等于100kW的单台设备。

③ 电能计量装置的基本要求

a. 中性点非有效接地的电能计量装置应采用三相三线电能表，中性点有效接地的电能计量装置应采用三相四线的电能表。

b. 对于双向送、受电的回路，应分别计量送、受的有功电能，感应式电能表应带有逆止装置。

c. 电能计量、计算机、遥测三者共用的电能表，应具有脉冲输出或数据输出，其通信接口、通信规则应满足相关系统的要求。

d. 海上无人井口平台所配备的电能表应具有脉冲输出或数据输出，其通信接口、通信规则应满足相关系统的要求。

e. 直流换流站的换流变压器交流电输出端口应装设电能表；对于直流输电线路，当有条件时应装设电能表；对有可能双向送、受电的直流线路和换流变压器交流侧，应分别装设送、受电的电能表，并应带有逆止装置。

1.2　海上油气田工程各阶段工作

1.2.1　前期研究阶段

前期研究阶段的工作是指某油气田油气储量评价基本完成或到一定程度后，为了开发该油气田进行的包括地质油藏、钻井完井、采油工艺、开发工程、生产作业、健康安全环保、节能减排、油气市场、开发投资及费用估算、经济评价等相关评价、研究、报告编制，以及对制约油气田开发问题的协调与解决，以满足项目审批的前置条件，并获得政府审批文件的相关工作，包括直至ODP获得批准的全部工作内容。

1.2.2 项目实施阶段

ODP批准到该项目的生产设施正式投用，包括基本/详细设计阶段、建设阶段、生产设施调试阶段等。

 海上油气田工程生产准备概述

1.3.1 生产准备项目组工作任务

1.3.1.1 生产代表工作任务

生产代表是指分公司指派到前期项目研究设计单位，代表现场生产一路参与油（气）田开发项目的前期研究，以提高油（气）田的注（采）及地面工艺等方面的设计质量的人员。工作时段为油（气）田开发项目的前期研究项目启动后到该项目ODP编制结束，后期重点放在技术评估上。具体工作任务如下：

① 参与新项目前期研究方案编制工作，协调解决前期研究阶段存在的各种关于生产的设计问题。

② 负责向生产部及作业公司汇报项目现场生产问题落实情况及解决方法。项目遇到重大变化需及时征求分公司的意见，把分公司对油气田的开发思路融入ODP报告中。

③ 在次日将工作日报汇总后发送给项目代表和项目工程师，抄送生产部主管岗位经理、作业区/作业公司生产经理及勘探开发部。

④ 在每周五将周报汇总后发送给项目秘书，项目秘书在周五下班前汇总后发送给项目代表审核，周报要在下周的第一个工作日发送给生产部主管岗位经理、作业公司生产经理及勘探开发部。

⑤ 在新油气田开发项目前期研究阶段，生产代表发现设计过程中存在重大或较大问题时，需要填写《湛江分公司前期研究项目部门审查

意见表》，由生产部部门主管岗位经理审核签字后发送给勘探开发部。生产代表反馈的一般技术性问题由生产部项目代表以邮件形式反馈给勘探开发部。生产代表所反馈的所有意见，需要填写在《分公司生产代表建议跟踪表》中，并实现动态跟踪。

⑥ 负责新项目的操作费和生产准备费测算/审核工作。

⑦ 把适合分公司的油（气）田开发技术以及被成功应用的新技术和装备融合到开发方案中，如：生产人员定编、注（采）工艺、油气水的处理工艺、油气储运工艺、油气水计量技术、设备选型、ESD 关断逻辑、电力调配方案、材料应用、防腐保温工艺、设备布局方案、QHSE 技术的应用经验、节能减排技术、生产设施配套支持装备的要求等。

⑧ 参与审查油（气）田总体开发方案、油（气）田开发方案的重大变更方案。

⑨ 负责收集并反馈在生产油（气）田中存在的各种设计问题、设备应用问题、工程建设遗留问题、投产后的重大变更和改造等问题。

⑩ 负责总结和评估在生产油（气）田中所应用的成熟技术和装备，编制成良好的技术实践或技术标准，并将成熟技术和装备在新油（气）田开发方案中推广应用。

⑪ 与生产部、作业公司、协调部、健康安全环保部做好充分沟通，协助分公司向前期研究单位提供准确可靠的基础资料。

⑫ 项目 ODP 批复后转入生产准备组。

1.3.1.2　生产准备组工作任务

生产准备组成员是指油（气）田开发项目从总体开发方案批准到该项目试运行前的时间内，为保障该项目的顺利试运行而做各项准备工作的生产人员，由生产部生产准备组负责管理，项目试运行后转入作业公司管理。生产准备组的主要工作任务如下：

① 组织落实生产准备的人员培训、投产物料采办、投产文件编写、基本设计和详细设计的文件审查、新项目建造调试、组织项目联调及试运行等工作。

② 负责对生产准备的工作进度、费用、QHSE进行总体控制。

③ 提交生产准备组人员到位需求时间表，组建生产准备队伍。

④ 按照分公司采办程序对投产物料和备件进行采办，提交采办策略及采办计划。

⑤ 提交年度预算、各季度的滚动预测数据、生产准备费执行情况分析报告等。

⑥ 负责建设与实施该油（气）田生产管理体系，如信息系统、管理制度。

⑦ 组织生产准备成员参与投产前的技术培训、取证培训等。

⑧ 负责对系统进行联合调试，组织协调试运行工作。

⑨ 组织落实试生产前安全备案检查和试运行文件审查的各项准备工作，提交检查申请并协助完成相关检查。

1.3.2 生产准备项目组良好作业实践概述

湛江分公司针对新油（气）田开发项目生产准备项目管理、组织管理以及新技术运用方面开展了大量工作，为新油（气）田顺利投产奠定了坚实的基础。项目管理良好实践包括计划管理、预算管理、QHSE管理、试生产文件准备管理、委托代管管理、设备管理、试生产检查管理、安全竣工验收管理、后勤管理、完工总结管理等内容；组织管理良好实践包括党工团建设、培训管理、人员管理、文化建设等内容；新技术运用良好实践包括油（气）田注（采）工艺、油气水处理工艺、油气储运工艺、油气水计量技术、电力调配方案、设备选型、新型材料、HSE技术、节能减排技术的运用等。

第 2 章
生产准备阶段项目管理良好实践

 2.1 生产准备计划管理

2.1.1 项目计划管理概述

管理的基础是有效地计划所需要完成的工作，恰当地对工作和员工进行组织，挑选那些拥有特定技能和知识能力的员工去完成工作。凡事预则立中的"预"，指的就是有效地计划。

项目管理计划是项目的主计划或称为总体计划，它确定了执行、监控和结束项目的方式和方法，包括项目需要执行的过程、项目生命周期、里程碑和阶段划分等全局性内容。项目管理计划是项目管理的规划性文件，是项目实施过程中项目管理的大纲和指导。根据不同的项目类型和项目管理需求，项目管理计划有多种形式。

2.1.2　生产准备计划管理目标

由生产准备组项目经理组织编制生产准备年度工作计划，工作计划包括生产准备组人员到位计划、相关岗位取证计划、培训计划、投产文件编写和审查计划、备件和物料采办计划等。

① 生产准备组人员到位计划　试运行前 450 天向人力资源部提出主操及以上岗位人员需求申请，试运行前 360 天到位；试运行前 270 天向人力资源部提出其他人员（不包括医生、报务主任、后勤人员）需求申请，试运行前 180 天到位。

② 根据分公司对相关岗位的取证要求，试运行前 180 天开始进行取证培训，试运行前 180 天启动试运行前技能培训。

③ 试运行前 210 天开始编写《试运行方案》及《投产前安全分析报告》，试运行前 150 天进行第一次内审，试运行前 120 天进行第二次内审，试运行前 80 天进行分公司内审（如需要），试运行前 60 天向海油有限公司开发生产部提出外审申请；试运行前 210 天开始编写《操作规程》《培训手册》《管理手册》《安全手册》《安全应急预案》《溢油应急计划》。

④ 试运行前 210 天启动 MAXIMO 数据收集服务采办，试运行前 90 天进行中间审查，试运行前 30 天进行最终审查。

⑤ 新油（气）田开发项目成立后就开始申请采购固定资产；工具、吊索具、通用料、医疗器械、厨房用具、化验设备及器材、对讲机等物料在试运行前 330 天启动采办程序；设备配件、油料、专用工具、化学药剂筛选、管线标识安装、安全教育录像服务等试运行前 60 天启动采办程序。

2.1.3　生产准备计划管理措施

项目进度计划以工作细分结构为基础，采用关键路径法（CPM）进行编制。使用三级进度计划，包括项目总进度计划（一级）、项目控制进度计划（二级）、项目详细进度计划（三级）。上述三级进度计划按照工作层次互相联系，二级计划是三级计划的汇总，一级计划是二级计划的汇总。

（1）项目总进度计划　项目总进度计划反映项目主要里程碑时间，主要包括：生产准备组人员到位、取证培训、投产文件编写和审查、备件和物料采办的开始时间和完成时间；机械完工时间；试生产检查时间；安全备案检查时间；项目试生产时间；安全竣工验收时间等。

（2）项目控制进度计划　项目控制进度计划以关键活动为基础，反映这些活动之间的工作顺序和逻辑联系。控制进度计划用 CPM 技术编制，标明每项活动的控制编码，明确每项活动的计划开始时间和完成时间，计算每项活动的实际进展情况，进行必要的调整，及时反映关键线路和关键活动的转移以及各项建设活动和项目总浮动时间的变化。

（3）项目详细进度计划　项目详细进度计划是由承包商根据合同规定的工作范围，以每一可控工作单元为基础编制的进度计划，该进度计划应在合同授予后的 30 天内提交给生产准备组，在审查批准后，作为控制承包商工作进度的依据。

项目详细进度计划包括为了完成合同工作范围内工作所需进行的各项活动，这些活动应以专业分类，分别列出活动的开始时间和完成时间、各项活动之间的工作顺序和逻辑联系，标明关键活动和重要的里程碑时间。项目详细进度计划应该根据实际工作的进展情况进行必要的修正，如果实际进度落后计划，承包商应该按照项目组的要求编制相应层次的应急计划（赶工计划）。

（4）项目进度控制的衡量系统　建立合理的进度衡量系统，是准确反映生产准备实际进展情况的重要手段。进度衡量系统以工作细分结构为基础，以各层次的"S"曲线为主体，以各层次进度控制程序和相应报告系统为手段。在编制各个层次的进度"S"曲线时，各项活动的权数应综合考虑以下方法来确定：以预算为基础的加权方法；以工期为基础的加权方法；以工作重要程度为基础的加权方法。

（5）对承包商进度计划的审核

① 进度计划的审核内容　包括是否包括了合同工作范围内的所有工作；项目工作细分结构；是否满足合同规定的进度和其他要求；项目执行机构和人员计划；设备和材料采办计划；是否充分考虑了项目的限制因素及应变措施。

② 承包商进度衡量系统的审核 包括各工作细分结构的权数是否合理；进度点数的分配是否切合实际；里程碑及其相应的进度量测是否合理。

2.2 生产准备预算管理

2.2.1 生产准备费用类型

生产准备费主要包括：生产准备作业期间为生产准备工作所使用的海上人员费、直升机费、船舶费、船舶油料费、通信及气象费、仓储及港杂费、培训费、生产管理系统建设费、投产物料准备费、文件准备及取证费、项目组管理费等。对于为生产准备作业购入的设备要按照固定资产有关办法进行实物管理，具体定义及内容如下：

① 海上人员费指生产准备项目组从油（气）生产单位组建之日起至系统联调和油（气）田投产的全部培训、取证、调试、投产等作业活动期间与人员有关的费用，包括人员工资及附加、海餐费、差旅费（包括防台费）、劳保费、公杂费等。

② 直升机费指从机械完工到正式投产期间生产准备项目组为海上油（气）田投产所使用的直升机的费用，包括飞机租金、飞行小时费和场地费。

③ 船舶费指从机械完工到正式投产期间生产准备项目组为海上油（气）田投产所使用的船舶费用。

④ 船舶油料费指从机械完工到正式投产期间为海上油（气）田投产所使用的船舶用燃料油费用。

⑤ 通信及气象费指从油（气）田机械完工到正式投产期间海上平台、油轮、终端的通信设备固定租金，卫星通信费（TES的租金），生产网络信息费，其他通信费（包括按时间收费的费用）及气象服务费等。

⑥ 仓储及港杂费指新油（气）田投产所发生的仓储服务、港杂费。

⑦ 培训费指生产管理及操作人员进行专业基本素质培训、实际操作培训、安全培训及各种上岗取证所发生的费用。

⑧ 生产管理系统建设费包括生产管理系统软、硬件的购置，咨询服务，基础数据收集整理，项目管理所发生的费用。

⑨ 投产物料准备费指生产准备项目组为准备生产工具，补充部分设备的备品、备件，采购调试、投产作业期间所用化学药剂（包括化验室配备的分析仪器、药品等）、润滑油，配备医疗器材及药品、床上用品、餐具等发生的费用。

⑩ 文件准备及取证费指生产准备项目组调试大纲、安全手册、投产方案等投产文件的编写印刷费用以及取得油（气）田投产所需的生产作业许可证、投产许可证等所发生的费用。

⑪ 项目组管理费指生产准备项目组管理费用，包括 ODP 报告批准后，生产部门派到工程项目组生产代表的费用。

2.2.2　生产准备预算管理要求

① 油（气）田生产准备费以项目预算为主要控制目标，预算编制要以工作量为依据，采用有限公司和集团公司的定额和参数。项目执行过程中，根据项目的实际进度分年做出年度控制预算。年度预算由生产准备项目组负责控制，经生产部主管岗位经理和部门经理审核后报有限公司开发生产部通过后列入计划大本。

② 生产准备项目在实施过程中，必须合理计划、严格控制生产准备费的使用。其年度预算的编制和执行，需按照有限公司《投资项目管理规定》等相关规定，原则上应按照批复的基本设计概算或 ODP 估算额、项目概算进行总投资的控制和年度预算的编制、控制，不得突破。

③ 对于自营油（气）田及合作油（气）田开发项目，当其 ODP 取得有限公司投资与风险管理委员会（简称投委会）批准后，即可将其开发投资列为年度正式计划及预算。如果某开发项目虽然已经通过有限公司 ODP 或基本设计审查，但基于外部服务资源暂不落实等原因，在年度预算编报过程中，分公司项目代表在与有限公司各职能主管部门充分

沟通、核实后，由有限公司职能主管部门确定其当年投资为正式预算或待批预算。

④ 生产准备费预算的审核严格遵循分级审核制度，项目经理为生产准备费的审核人。且在预算编审过程中，应与有限公司对口业务部门充分沟通。

⑤ 跟踪检查、分析生产准备组各项计划预算的执行情况，并在项目月报中反映预算执行情况。

⑥ 预算追加及调减是指有限公司《年度工作计划和预算》中已批准的年度预算在执行过程中，由于出现主要预算前提发生重大变化、经营规模扩大/缩减导致业务量增加/减少以及出现新的业务等情况，而对已有项目的预算指标进行追加（即超预算项目）或新增预算项目、预算指标（即预算外项目）或调减的过程。

⑦ 预算调整必须向分公司提出正式报告申请，预算调整申请以文字报告的形式提交给计划财务部，报告需详细说明原工作计划和安排、调整（含追加及调减）预算的原因、论证过程和结论及测算方法等，必要时需附上数据表格。若预计生产准备费将超预算，应及时向工程项目组提出预警，说明超支的原因和预计超概算或年度预算额度；工程项目组视开发项目总概算超支情况决定是否正式上报追加概算或预算的申请。

⑧ 如某项目预计投资超过该项目已批概算，应先完成该项目的概算调整，再对其年度预算进行调整。当涉及概算和年度预算同时调整或不同类型不同单项之间的调整申请时，需分别上报调整文件。

⑨ 预算管理报告是生产准备费在预算期的预算执行信息的反馈与分析报告，项目组每季度召开预算分析会议，汇报季度的预算执行情况和年度累计预算执行情况、预算执行中存在的问题、重大预算差异及其原因说明、已经采取的主要纠改措施及其效果、下季度预计完成情况及拟采取的主要措施、全年预计完成情况及主要项目预警等。对与预算批复的投资或工作量有较大差异的单项以及预计要发生的预算外单项应做出重点分析说明，作为预警，提请分公司有关预算单元和主管领导予以关注和跟踪，并及时将项目调整计划方案和预算报有限公司审批。

⑩ 生产准备费概算编制参数或测算，依据《油（气）田生产准备

费定额管理基础报表》。

2.2.3 预算管理良好实践案例

生产准备组成员除了定期了解生产准备预算执行情况外，在日常工作中，还要重点进行生产准备费用的执行控制，一方面使用好预算费用，另一方面尽量节约每一分钱。

2.2.3.1 预算分析的宣贯

生产准备组经理按照《生产管理体系（2002-MM-01-00-01）》中的要求，进行预算管理报告的编写。

生产准备组全体成员会针对每次的预算分析报告组织学习讨论，针对有差异的内容参照生产准备组实际情况进行分析，落实改进措施；针对下一阶段预算要求制定相关措施，有效地控制预算的使用。

2.2.3.2 人员差旅费用控制

针对驻厂跟踪，生产准备组提前与工程项目组及海工项目组进行沟通，了解厂家生产计划，经过专业主操评估确认最佳驻厂时间，尽量缩短驻厂时长，降低差旅费用。

针对设备出厂FAT验收，生产准备组采用"一专多能＋技术支持"的策略，即充分利用有效资源，在降低差旅费用的同时，寻求最佳人员。验收人员提前收集各专业主操的意见、建议及重点关注内容，确保每一位进行验收的人员都能够对成套设备各专业内容有所了解，从而减少FAT时间。

针对FAT期间遇到的问题，验收人员及时通报情况，生产准备组各专业主操群策群力，提要求，想对策，协助厂家完成整改。

通过一系列举措，生产准备组在FAT验收的差旅总费用得到了有效控制。

2.2.4 相关资料

项目生产准备费执行情况表、项目生产准备组服务合同执行情况表及项目投产物料采办跟踪表见表2-1～表2-3。

表 2-1 _____ 项目生产准备费执行情况表

序号	描述	2015 年度预算/万元	1~12 月预算	1~12 月实际	年度 预算－实际		年度 实际/预算		差异原因分析
					预算－实际		实际/预算		
1	海上人员费								
2	装备运行费								
3	油气水处理费								
4	健康安全环保费								
5	文件准备及取证费								
6	直升机费								
7	供应船费								
8	油料费								
9	信息通信及气象费								
10	物流港杂费								
11	租赁费								
12	项目管理费								
13	保险和统征上缴								
14	生产准备费其他费用								
	合计								

表 2-2   项目生产准备组服务合同执行情况表

序号	PR	PO	合同号	合同名称	服务商	申请人	开 PR 日期	交货日期	WBS	总账科目	费用预算/万元	合同费用/万元	已付/预提费用	合同进度	备注
1															
2															
3															
4															
5															
6															
7															
8															
9															
10															

海上新开发油气田生产准备良好作业实践

表 2-3 _____ 项目投产物料采办跟踪表

序号	采办项目	PR号	PR提交时间	申请人	WBS元素	费用账号	合同价格	采购订单创建时间	订单号	订单采办人	计划到货时间	实际到货时间	货物采办跟踪情况	货物接收人	货物存放地点	备注
1																
2																
3																
4																
5																
6																
7																
8																

2.3 生产准备 QHSE 管理

2.3.1 生产准备质量管理

生产准备项目经理对项目生产准备的成功实施全面负责，包括人员准备、物料准备、投产文件准备以及试运行准备等工作。

按照海洋石油工业开发项目的国际惯例和中海油以往项目的管理经验实行项目管理，由生产项目组全权负责生产准备项目的实施。实行项目经理领导下的目标管理，即质量、进度、费用和健康安全环保的四大控制。

在项目管理中，坚持质量第一的方针，实行全员全过程的质量管理。国际标准化组织 ISO 9001 标准《质量体系——开发设计、生产、安装和服务的质量保证模式》将作为本项目质量保证的依据。

按程序实施是保证质量的重要条件。无论生产准备项目组还是承包商、供货商均应严格按既定程序工作。承包商/供货商的任何工作在其有关程序被项目组批准之前不能超前进行。

鉴于海上石油设施所处环境的苛刻性及安全的重要性，生产准备在跟踪设计和施工过程中，主要关注以下几方面：①除非经过特别批准，项目所采用的任何一项设备、零部件及材料都不得采用试制产品，未经使用验证的新产品原则上也不予采用，即使是世界上有名公司的产品也不例外；②项目的设计和施工除严格执行政府的有关法规、法令、条例外，以国家标准、国际标准和公认权威机构标准为主；③跟踪第三方检验机构对设计、制造、安装、试运全过程发证检验；④跟踪海洋石油作业安全办公室对项目实行生产设施作业许可检查；⑤组织做好试生产前的检查工作。

2.3.1.1 采购的材料、设备以及服务项目的管理

由生产准备项目组采办的项目或服务，供货对象只限于"批准的供货商名单"，特殊情况必须经过一定的批准程序。必要时，根据已经确立的准则，对可能的承包商/供货商的工厂设施或作业进行调查。调查

结果应作出报告，作为对该承包商/供货商的评价的一部分。必要时，应对材料、设备和服务供货商进行监督、审核及验证，确保规定的要求能得到满足。验证工作应以有计划有系统的方式进行并作出报告。验证工作在供货商的工厂或指定的交货地点进行。由生产准备项目组、检验公司或发证检验机构按采办文件要求对设备、材料进行的检验并不解除承包商/供货商提供合格产品的责任。所有设备材料在接收前均应检验是否与采办要求相符。采办项目和材料的质量记录、出厂证书及文件也须按采办文件的要求进行验证。

2.3.1.2 特殊工艺

项目施工过程中的特殊工艺包括但不限于焊接、无损探伤、热处理、火焰矫正、高度专业性的其他工艺或设备。生产准备在跟踪项目施工过程中需要密切关注特殊工艺的施工。重点关注事项如下：

（1）特殊工艺应在控制条件下，由受过适当培训的有资格的人员依照批准的程序，使用合适的设备来进行。

（2）有关实施特殊工艺的程序、设备和人员按照适用的规范、标准、规格书和工业惯例进行审批，主要包括如下内容：

① 焊接工艺规程（WPS）和焊接工艺评定记录（WPQR）；

② 返修焊接工艺及返修焊接工艺评定记录；

③ 焊工证书/焊工资格记录；

④ 无损探伤程序；

⑤ 无损探伤作业人员资格证书；

⑥ 热处理程序；

⑦ 火焰矫正程序；

⑧ 焊接设备、焊条烘箱及保温筒控制。

2.3.2 生产准备 HSE 管理

生产准备组项目经理对项目的 HSE 管理工作全面负责，生产准备项目组在生产部的领导下，在湛江分公司的指导与协助下，与各承包商一起，全力做好 HSE 管理工作，努力实现如下 HSE 目标：

① 人员伤亡事故为零；

② 无重大食物中毒事故；

③ 无大面积传染病传播事故；

④ 火灾爆炸事故为零；

⑤ 环境污染事故为零；

⑥ 重大海损事故为零；

⑦ 重大交通责任事故为零；

⑧ 重大机械设备责任事故为零。

生产准备项目组严格执行湛江分公司《健康安全环保管理体系》（以下简称 HSE 管理体系）。HSE 管理体系包括为实施和保持 HSE 管理体系所需要的组织结构、策划活动、职责、操作惯例、过程和资源等。生产准备项目组 HSE 管理的主要要求如下：

（1）生产准备项目组负责生产准备全过程的 HSE 管理，项目经理是 HSE 管理第一责任人，并负责建立项目组 HSE 组织机构。HSE 组织机构职责主要包括：订立合同时应制定健康安全环保责任条款；遵守法律、法规、标准及其他要求；订立人员证书、证件及控制要求；订立设备证书、试验（试压）报告及使用管理和控制要求；订立验收时的健康安全环保要求；HSE 组织机构各成员健康安全环保职责等。要求承包商制定相应的健康安全环保职责。

（2）对人员的安全教育与培训及持证要求满足国家的要求，出海人员应取得"海上石油作业安全救生"培训证书，特种作业人员应取得国家有关部门颁发的特种作业操作资格证书。人员应取得二甲以上医院的健康证明。对出海人员进行动态管理。

（3）设备的安全管理包括在用设备和安装的设备的安全管理，应按有关规范、标准做好设施设备的使用检查、检验与维护。

（4）生产准备项目合同、劳务合同及设施设备购置合同必须有健康安全环保条款及要求，符合国家和行业法律、法规、标准及其他要求，责任要明确，包括：人员的管理、设备的使用管理、损失赔偿、保险要求等。

（5）跟踪设备调试工作，确保设备单机调试符合出厂合格技术说明书，核对调试数据及试压数据，主要安全附件应符合技术要求，同时设备调试应符合环保要求。设备联合调试应符合设计技术要求。设备调试必须经过检验机构的检查，并获得检验报告和检验证书。

（6）跟踪工程验收工作，确保工程验收依据工程设计进行验收。工程建造应符合国家、行业法规、标准。设备设施调试报告、试压报告、出厂合格证书及技术说明书应齐全。设备变更手续齐全，符合变更管理控制程序的要求。检验报告和检验证书齐全有效。工程建造完工图和完工报告（海底管线的电子海图）齐全。工程项目组应对工程建造建立档案。工程验收的资料、证书、报告、完工图等由工程项目组移交湛江分公司相关作业公司、生产部，其中海底管线的电子海图应交健康安全环保部一份。

（7）环境保护是国家的一项基本国策，所有参与项目的作业员工、承包商或分包商有责任和义务做好环境保护工作，依据国家有关环境保护的法律、法规、规范、标准，采取有效的措施，防止环境污染事故的发生，环保地完成生产准备工作。所有作业应尽量做到使产生的废物量最少，并负责对作业现场废物/废料进行清理，保持作业现场的整洁，在对废物/废料进行处理时应尽量考虑废物/废料的再利用和循环使用。纸屑、木块、油布、油漆桶、过滤器、包装塑料等固体废物/废料应按环保的要求进行处理。在海上作业期间，这些废料不允许向海洋抛投。承包商应负责将这些固体废物/废料运至陆上交由具有资格的专业处理厂进行处理，在整个项目作业过程中应尽量避免使用塑料和泡沫容器。

在项目的调试过程中应使泄漏量减至最小。如有必要，应考虑设置用以防止受污染的雨水外溢的挡板，并引入开式排放系统。

2.3.3 生产准备QHSE管理良好实践

在遵从湛江分公司健康安全环境管理体系的前提下，结合生产准备组的实际情况，使健康安全环境管理在持续改进的过程中，保证符合与适应法律、法规要求，使生产准备组在健康安全环境管理运行中，确信能符合分公司所提出的健康安全环境理念和管理方针，以控制健康安全环保风险，避免事故发生，持续改进健康安全环保绩效。

文昌9-2/9-3/10-3气田群生产准备组严格执行中海石油（中国）有

限公司湛江分公司的 HSE 管理体系及相关管理规定，HSE 工作由湛江分公司健康安全环保部进行指导。

2.3.3.1　创新启动安全督导管理新模式

文昌 9-2/9-3/10-3 气田群生产准备项目组实施安全督导管理，安全督导员佩戴象征现场安全管理者的红色安全帽。安全督导小组进一步强化了作业现场安全监控力度。安全督导小组成员由平台新到位的中初级员工组成，组内成员定期轮流值班，以安全监管"第三方"的角色，从审视平台安全管理水平、挖掘平台安全管理盲区、管控现场作业安全状态、查找平台"6S"管理〔整理（seiri）、整顿（seiton）、清扫（seiso）、清洁（seiketsu）、素养（shitsuke）、安全（safety）〕死角等方面对作业现场进行巡查、监督。安全督导小组成员一方面带着各自所在作业公司和油气田的先进安全管理经验，以"查、看、考、问"的方式对现场人员的不安全行为、物的不安全状态和管理缺陷进行全方位多角度的监督引导，另一方面又可以充分发挥"新人"优势，以"局外人"的眼光对平台的安全管理进行客观评价和分析。

安全督导管理模式充分调动了每一位现场员工安全管理的积极性，融合百家之长，及时查找隐患、弥补漏洞，形成自己独有的特色安全文化。该项管理模式，旨在推动现场安全管理的深度、广度、连贯性和持续性，并形成长效机制，也是气田"向管理要效益""安全也是生产力"管理理念的良好实践。安全督导管理新模式示意图如图 2-1 所示。

图 2-1　安全督导管理新模式示意图

2.3.3.2 开展专项隐患排查活动

文昌 9-2/9-3/10-3 气田群生产准备组开展"以劳动的名义"专项隐患排查活动，排除安全质量隐患，助力生产准备组安全管理。

在文昌 9-2/9-3 中心平台进行重量转移工作时，生产准备组看准时机、提前策划，由点到面梳理平台建造和设备调试中的共性质量问题，编写专项隐患排查表，实行领办承包制度，不留死角地进行系统性排查。隐患排查过程中，建造和调试过程中的细节共性问题是排查的专项重点，焊缝质量不合格、管卡安装及防腐不到位、接地线不符合要求和生活设施未完善等容易忽视的问题被详细记录。在生活楼排查过程中，及时发现了个别房间存在的积水，进而发现了中央空调风道下雨天进水这一重大隐患，并尽快与施工人员和厂家反馈整改，形成闭环控制。隐患排查示意图如图 2-2 所示。

图 2-2　隐患排查示意图

2.3.3.3 开展联合应急演练

文昌 9-2/9-3/10-3 气田群生产准备组与钻完井项目组（下称联合项目组）开展联合应急演练，实战检验应急设备工况和应急程序的合理性，提高部门间沟通协作和应急处置能力，保证钻完井工作顺利进行。

文昌 9-2/9-3 平台模块钻机所用海水全部由组块海水提升泵提供，钻完井阶段海水需连续不间断供应，以满足模块钻机发电机冷却需要。特别是起下钻和钻遇气层阶段，钻井液必须连续循环，防止井下事故发生，对海水提升泵、配送电设备的运行稳定性和人员应急反应速度要求极高。为保证钻完井安全顺利进行，联合项目组结合以往项目经验，于设计阶段增加模块钻机向组块反送电功能，确保在最极端的情况下，即组块完全失电并无法排除故障时，模块钻机仍然可以安全运行。模块钻机海上联合调试阶段，联合项目组编写了《文昌 9-2/9-3 平台水电气应急程序》，细化不同井深情况下的最佳应急处置方案，同时建立紧急联络表，保障沟通及时有效。联合项目组多次进行桌面推演，各部门人员熟悉内容，细化步骤，进而完善应急程序，实现最短时间内完成电力切换。此次应急演练开始后，动力部门通知中控，组块发电机组故障，同时应急机无法启动，海水提升泵停泵，需模块钻机进行送电恢复。生产监督接到报告，启动应急程序，通知模块钻机电气师降低设备负载，同时合闸送电到组块 LA 母排，动力部门按顺序合闸送电到 LE 母排，海水提升泵于停电 5 分钟后实现送电启动，满足模块钻机发电机 10 分钟的无冷却极限时间，应急演练顺利完成。应急演练示意图如图 2-3 所示。

(a)

(b)

图 2-3　应急演练示意图

　海上新开发油气田生产准备良好作业实践

2.3.3.4 导管架建造从细节处把控质量

针对文昌 9-2/9-3 中心平台导管架陆地建造施工复杂的现状，项目组在严格执行质量管理标准规范的同时，坚持以实验数据和事实说话，从细节出发，对质量进行严格把控。项目组对具有资质参与导管架建造的焊工，在导管架建造开工前，随机抽检焊工进行现场考试，确保焊工的业务水平满足实际作业要求。为保证总装焊口焊缝有效焊肉厚度满足要求，现场想点子，要求在坡口附近打上参考点，便于焊后参照测量。TKY 焊口焊接工艺要求单面焊接即可，项目组要求在人能进入拉筋管内的情况下，对背面焊缝根部打磨处理后进行封底焊，以便更好地保证焊缝质量。对于焊接难度较大的 TKY 小角度（二面角＜30°）焊口，为保证焊缝根部能全熔透，项目组创新思维，改变常规做法，将小角度焊缝处管件从内侧削斜。项目组注重过程管理，将问题解决在施工之前，提高一次合格率，对需整改的问题坚持跟踪检查记录，直至落实为止。

通过一系列细微环节的质量把控措施，文昌 9-2/9-3 中心平台导管架陆地建造开工至今，导管架结构检验组对合格率 99.85%、外观合格率 99.82%、UT 检验合格率 98.94%、MT 合格率 100%，满足导管架建造要求，保证了建造工作顺利进行。导管架建造从细节处把控质量示意图如图 2-4 所示。

2.3.3.5 "两点一现"促提质增效

管线是平台的"血管"，其内部清洁度和焊接质量直接影响设备运行和安全生产。为了确保配管质量把控到位，文昌 9-2/9-3/10-3 气田群生产准备组找准配管作业的三处重要节点，制作现场跟踪协调图，建立微信调试群和报检群，实施"两点一现"模式。"两点"指管线的切割车间和喷涂车间，安排专人对管线焊接质量、清洁度等要点进行检查、确认，确保管线在运往中心平台（CEP）组块前保持内部清洁，从源头和中间环节上对管线质量进行把控。"一现"指组块现场按照甲板面分区，实行属地管理制度，责任到人，从终点对管线质量进行见证反馈。这样，便实现了从切割车间组对焊接到喷涂车间喷砂防腐再到平台配管安装的反馈回路和全周期跟踪。

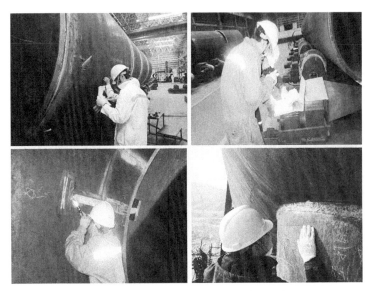

图 2-4 导管架建造从细节处把控质量示意图

与此同时，气田生产准备组还依托"互联网＋"，建立"两点一现"沟通微信群。该群建立后，很快热闹起来，与对讲机相比，微信群里有图有真相。各专业负责人定时将最新跟踪要点、示例照片发布到群里，并@相关责任人进行工作提醒，大家根据现场普遍情况由点及面展开技术讨论，从制度和根本上消灭配管中的质量问题，减少平台上二次清洁等费时费力的不必要工作量，守住工程进度。"两点一现"模式示意图如图 2-5 所示。

图 2-5 "两点一现"模式示意图

2.4 生产准备试生产文件准备管理

2.4.1 管理要求

① 生产准备组组织编写的试运行文件包括《试运行方案》《投产前安全分析报告》《操作规程》《培训手册》《管理手册》《安全手册》《安全应急预案》《溢油应急计划》。其中《试运行方案》按照《新油（气）田投产方案编写标准》进行编写；《投产前安全分析报告》按照《海上固定平台安全规则》第二十一章进行编写。

② 湛江分公司组织专家对《项目安全风险评估与控制措施》《试运行方案》进行内部审查。

③ 在生产设施试运行前60天，生产准备组向有限公司QHSE部和开发生产部提出《项目安全风险评估与控制措施》和《试运行方案》的外部审查申请。

④ 有限公司QHSE部和开发生产部收到分公司的申请书后，在2～5天内组织专家对《项目安全风险评估与控制措施》和《试运行方案》进行审查，并将审查结果通知分公司；如果委托分公司组织专家审查，分公司生产部将审查结果上报上级职能主管部门备案。

⑤ 生产准备项目组根据专家意见修改完善《项目安全风险评估与控制措施》和《试运行方案》，并向上级职能主管部门备案。

2.4.2 试运行方案编写

2.4.2.1 基本要求

（1）概述部分　以精炼或结论性语言描述项目背景、地理位置、环境条件、总体开发思路（举升工艺、井网布置、采油速度及采收率）。

（2）工程概况　简述油（气）田主要设施［包括平台（含浮式生产、储油轮）、终端处理厂（含码头）、海管、海底电缆等］及工程方案（包括总体开发方案工程示意图）。

（3）油（气）田产量及油藏基本概况 描述经济开采年限内的逐年产量（包括油、气、水）、单井最大产量、高峰年产量，提供油气田开发数据表。

（4）油（气）田设计能力及参数 设计能力及参数首先采用详细设计参数，其次采用基本设计参数，再次采用ODP设计参数，如个别参数不能在一个设计类型中查找到，就标明该参数采用的是什么设计参数。设计能力及参数包括如下内容：原油、天然气、生产污水最大处理能力；注水能力、压力；外输能力、压力；热、消防水、仪表风、海水的最大供应能力；工程设施设计能力（设计使用年限、上部组块干重、导管架干重、桩腿数、生活楼干重、法定定员、主甲板层数、主甲板尺寸、直升机甲板承重能力、设施经纬度）；淡水、采油储存能力；产品设计质量指标；设计井槽数；原油存储及外输能力；抗风（抗冰）能力；油（气）田开发年限。

（5）油品物性及天然气组分 数据首先采用详细设计参数，其次采用基本设计参数，再次采用ODP设计参数，如个别参数不能在一个设计类型中查找到，就标明该参数采用的是什么设计参数。

（6）关键设施设备设计能力参数 设计能力及参数首先采用详细设计参数，其次采用基本设计参数，再次采用ODP设计参数，如个别参数不能在一个设计类型中查找到，就标明该参数采用的是什么设计参数。关键设备包括：吊机、天然气压缩机、外输泵、注水泵、主发电机、应急发电机、钻修机、海管、海缆（光缆）、浮式生产（储油）装置、单点。

（7）工艺系统 简要描述油气水处理工艺流程。

（8）配电系统 简要描述配电系统。

（9）油（气）田生产特点 简述其生产特点。

2.4.2.2 组织机构及计划

（1）试生产组织机构

① 领导小组 以简要的文字和框图形式介绍领导小组、职责及隶属关系，并明确工作、管理界面。

② 执行小组　以简要的文字和框图形式介绍执行小组，详细描述其职责及工作界面。

（2）执行计划　应使用图表的形式介绍从全员系统岗前培训到燃料切换有关过程的开始时间、完成时间，分为试生产准备工作和试生产正式开始两个阶段。

2.4.2.3　调试与试投运

（1）系统调试　工艺系统调试过程包括：水压试验、气密试验、水循环试验（热试运）、ESD应急关断系统试验、计量系统校核、系统惰化。

① 水压气密试验　简述水压气密试验的目的、水压气密试验所依据的程序和标准以及安全注意事项，并附以水压气密试验流程图进行描述，流程图中应标注试验范围和试验压力。

② 水循环试验（含中控仪表联调）　简述水循环试验的目的、水循环试验的准备工作、水循环试验的操作程序以及安全注意事项，并附以水循环试验流程图进行描述。流程图中应标注进气、进水点位置、阀门开闭状态、水循环范围和压力。简述压力、液位仪表的测试、标定和调整所依据的程序和标准。

③ ESD应急关断系统试验　以图表方式介绍ESD关断逻辑，并概述试验前的条件、试验内容及方法。

④ 计量系统校核　简述计量系统校核的目的、方法。

⑤ 系统惰化　简述系统惰化的目的、惰化达标要求、惰化准备、惰化操作程序，并附水压试验流程图、气密试验流程图、水循环试验流程图、系统惰化流程图。

（2）联合调试　联合调试内容包括：通信和中控系统联合调试。

2.4.2.4　海底管线系统调试

简要概述海底管线（包括油、气、水及多相混输管线）的输送方案以及海管调试范围。

（1）通球及基线内检测方案　简述通球方案，并画出通球流程图。流程图中需标示通球介质参数（压力、流量）、通球方向和收球端介质的排放方式等，根据海底管道完整性解决方案确定基线内检测方案。

（2）通球及内检测准备　准备足够数量的清管球，制定内检测方案，准备内检测球，并按照海底管道完整性解决方案中的记录表记录。

（3）通球设计参数　按《管道系统吹扫和清洗程序》要求填写各管线的通球设计参数。

（4）流体置换　开井前，要保证海管中无空气。对于原油或多相混输管线，用地层水/淡水/海水（加缓蚀剂）将海管内的空气排净，气体管线需干燥惰化。

（5）油气进海管方案　简述油气进海管方案。

2.4.2.5　开井及油气进生产流程

（1）开井条件

① 开井前，确认油气井的完井和试生产诱喷工作已完成。

② 列出其他安全开井应当具备的条件，并在开井前逐项确认。

③ 以框图的形式对公用及生产系统的启动程序进行描述。

（2）开井、油气进生产流程及海管　描述油田开井试生产的原则、开井流程步骤及后续设备。

（3）开井时关断系统调整　为了流程能够投入运行，需要根据开井时的实际情况对工艺流程关断系统进行设置，并附详细的关断系统设置表。

（4）开井时流程控制参数调整　开井时对流程上的控制参数如压力（PIC）、液位（LIC）和温度（TIC）等进行设置，并附详细的控制参数设置表。

（5）应急流程　首次开井时，操作失误或仪表失灵等不可预见因素都可能会引起停止开井，可将已进入流程的油气导入事故应急流程，待问题处理完后再恢复开井，简述事故流程。

（6）油气进生产流程（浮式生产储油轮/陆地终端）　上游开井后，应通知浮式生产储油轮/陆地终端（下游）做好准备，以便接收上游来液，并预测下游见液所需时间。

2.4.2.6　试运行过程中的安全管理

（1）安全管理小组的组成及职责　简述安全管理小组的组成及职

责，并强调在试生产过程中执行《安全手册》的重要性。

（2）试生产安全措施　着重描述油（气）田试生产过程中安全救生设备（包括守护船、直升机等）应处的状态、参加试生产的人员应具备的资质和应遵守的规定。

（3）特殊安全规定

① 人员管理规定　着重描述对参加试生产的人员的划分及相应的管理规定。

② 作业许可管理规定　着重描述对试生产期间作业的管理规定（ESD旁通管理规定，无人平台作业、热工作业及其他特殊作业管理规定）。

③ 危险品管理规定　着重描述油（气）田试生产过程中危险品使用的审批程序和有关规定。

④ 交叉作业的管理规定　着重描述油（气）田试生产过程中存在交叉作业工况时的有关规定。

⑤ 作业环境条件　着重描述油（气）田试生产过程中，对作业环境条件的要求。

⑥ 应急程序　着重描述油（气）田试生产过程中，对可能出现的火灾、爆炸、可燃气体泄漏、溢油、人员伤病、落水、中毒和恶劣自然条件等突发事件的应对措施和消防、弃平台程序。

2.4.2.7　风险评估

（1）概述　着重描述油（气）田试生产的重点和难点问题。这里提及的重点和难点问题系指会影响油（气）田顺利试生产的关键问题，它们可以是技术、进度、管理、生产和安全等各方面的问题，包括影响试生产的未完工程。

（2）风险评估　就试运行过程中提及的重点和难点问题对试生产的影响逐项进行风险评估。评估的内容包括提出问题的原因、可能出现的后果（或隐患）以及对试生产产生的影响。

（3）应急措施　针对提及的重点和难点问题，提出在试生产前、试生产期间和试生产后应采取的应急方法和措施，以确保试生产的顺利完成。

2.5 生产准备组委托代管管理

2.5.1 代管背景

文昌9-2/9-3中心平台自海上完成浮托作业后，经过一个月紧张有序的海上施工，中心平台各项工程作业基本完成，公用系统投入正常使用，平台进入设备维护保养和钻完井阶段。鉴于平台设备维护保养期较长，考虑到工程项目后期人员资源紧张，生产准备项目人员有能力且有需求提前对平台设备进行管理，以便进一步实现工程与生产无缝连接，有利于项目顺利投产。经过多方考虑及讨论，在分公司整体利益最大化的前提下，形成了以下共识：

① 生产准备项目组同意对文昌9-2/9-3中心平台进行代管，直至平台投产。

② 代管期间平台责任主体不变，仍然为工程项目组，代管期间产生的费用由工程项目组列支。

③ 代管期间工程项目组项目人员仍各司其职，为生产准备项目组提供最大、最及时的支持。

④ 生产准备项目组按照分公司维保制度制定平台维保计划和工作计划。

⑤ 如生产准备组在代管期间需要提前招聘中初级人员，建议提前将计划提交分公司相关职能部门，经分公司领导同意后，因提前招聘产生的相关费用由工程项目组列支。

⑥ 建立周例会制度，每周定时定点开展。

2.5.2 代管工作界面

生产准备组委托代管处于钻完井期间，该时期各项工作牵涉方有工程项目组、生产准备组、钻完井项目组、文昌油田群作业公司，因而需要将工作界面划分清楚，以便代管工作的开展。

为此，生产准备组（受工程项目组委托，以下简称"生产方"，包括工程项目组、生产准备组、工程项目组承包商、设备厂家及其他非钻完井方人员）、文昌油田群作业公司与钻完井项目组组织召开文昌 9-2/9-3 平台钻完井期间联合作业管理界面协调会，将工作界面划分如下：

2.5.2.1 HSE 管理

① 投产前，现场安全协调小组组长由钻完井总监担任；投产后，组长由气田总监担任。

② 投产前，人员倒班飞机、乘船接送及安全教育由钻完井项目组安全监督负责并记录，生产方负责直升机加油作业，钻完井项目组进行协助。

③ 钻完井项目组负责己方的承包商作业、安全管理，其他承包商由生产方统一管理。

④ 钻完井项目组安全监督为钻完井作业的安全管理日常联系人，生产方安全监督/生产监督为生产准备组现场安全管理联系人。

⑤ 钻完井项目组及生产方应加强对各自工作区域内的安全消防、救生逃生、通信、火/气探测和应急关断等系统的维护、检查及操作，救生艇操艇人员由生产方人员组成，钻完井项目组协助，两艘救生艇艇长分别由钻完井项目组和生产方人员各自担任。

⑥ 模块钻机区域的灭火器（含推车式）、正压式呼吸器等安全救逃生设备设施的定期检查、维护、更换归钻完井项目组负责。

⑦ 钻完井期间钻完井项目组和生产方每周对钻机模块和气田安全设备进行安全检查，检查记录要存档。

⑧ 钻完井项目组与生产方每周进行一次联合安全检查。

2.5.2.2 吊机使用及管理

① 钻完井作业期间，吊车的操作使用及运行记录由钻完井项目组负责，严格执行"十不吊"作业要求，严禁吊机带故障运行。

② 吊机的维护保养由生产方负责，生产方需提前两周以上向钻完井项目组提出例行维保计划（紧急维修除外，届时由双方协调安排），钻完井项目组合理安排作业，确保吊机得到及时维保。

③ 投产前，生产方（工程项目组提供）负责配备吊车的常用配件及钢丝绳，钻完井项目组协助生产方进行修理及更换。

④ 在保障正常的钻完井作业安全连续的基础上，钻完井项目组协助生产方进行生产准备物资装卸等工作。

2.5.2.3　作业许可

现场所有作业需严格执行湛江分公司 QHSE 体系，统一到中控室开具作业许可单，根据作业内容由钻完井总监或气田总监（或被授权人员）审批。

关于"交叉作业"的界定，需在联合日例会中提前讨论确定，因对"交叉作业"的界定不清的，由该项作业主体责任人负责签审。

2.5.2.4　生产作业

① 临时机维保期间，电力系统切换有可能造成海水供应暂时中断，生产方需要提前告知钻完井项目组做好准备。

② 钻完井期间，生产方安排人员参加钻完井例会，进行作业沟通协调。

③ 平台公用设备出现故障时，生产方应第一时间告知钻完井项目组高级队长。

④ 模块钻机区域外的生产/公用设备启停由生产方人员负责操作，钻完井项目组人员禁止操作。

2.5.2.5　运力协调

① 守护船由钻完井项目组统一调度。

② 上、下平台人员的飞行计划各自负责申请，费用分摊。

2.5.2.6　油气水供应

① 钻完井项目组在使用平台燃油、工厂风/仪表风、淡水、海水资源时，应提前与生产方中控联系，确认许可后方可使用。

② 防污染记录表和燃油报表由生产方统一填报，钻完井项目组按时提供数据并签字确认，月底双方核对，由中控部门存档。

2.5.2.7　模块钻机用电方案

① 模块钻机进行钻完井作业时使用模块钻机柴油机自主供电，正

常情况下由平台组块供电给海水提升泵，应急情况下可反送电至平台电网，用于海水提升泵。

② 钻完井作业前，双方应共同制定应急供电的作业程序（根据不同工况制定相应预案），并按照要求检查保养相关设备，确保应急设备的完好工作状态。

2.5.2.8　平台"6S"管理

① 钻完井期间钻完井项目组需对开排系统进行保护，井口区及邻近区域开排口需堵塞，井口区用围堰隔离开，定期清洗，保持甲板面、楼梯、桩腿等平台固定结构的清洁。

② 钻完井期间钻完井项目组负责钻机模块的"6S"管理，生产方负责钻机模块和生活楼以外各层甲板的"6S"管理，每两周进行一次"6S"清扫清洁工作。

③ 平台所有人员注意对生活楼房间及设施的保护。

2.5.2.9　通信

① 平台报务人员由钻完井项目组管理，保障现场作业 24 小时均有报务人员值班，资源共享，白班报务人员的考勤由生产方签审。

② 生产方中控需配备钻完井项目组所用频道的对讲机，钻完井总监及轮机配备生产方所用频道的对讲机，以便紧急沟通。

2.5.2.10　住宿及办公安排

① 会议室按照实际情况双方协商使用。

② 生产固定人员定在生活楼 3 楼集中住宿。

③ 钻完井作业期间，娱乐室、候机室统一作为临时住房，由钻完井项目组统一调配。

2.5.2.11　后勤及医疗

① 鉴于联合作业期间以钻完井作业人员为主的实际情况，食品由管事做出月度计划报钻完井总监审批，配餐后勤服务资源共享，费用由双方各自签审。

② 生活用品由钻完井项目组及生产方分别自行解决。

③ 保证平台后勤人员岗位稳定。

2.6 设备管理及问题管理

2.6.1 建立湛江分公司工艺改造数据库

为了做好湛江分公司新油(气)田开发项目生产代表及生产准备工作，将适合分公司的油(气)田开发技术以及被成功应用的新技术和装备融合到开发方案中，尽量减少新油（气）田投产后的改造工作，生产部组织征集分公司生产装置工程设计及建设合理化建议。合理化建议包括工程设计及建设需要改进以及值得推广运用两方面的内容。根据所征求的建议，湛江分公司组织建立了数据库。工艺设备改造信息数据库示意图如图 2-6 所示。

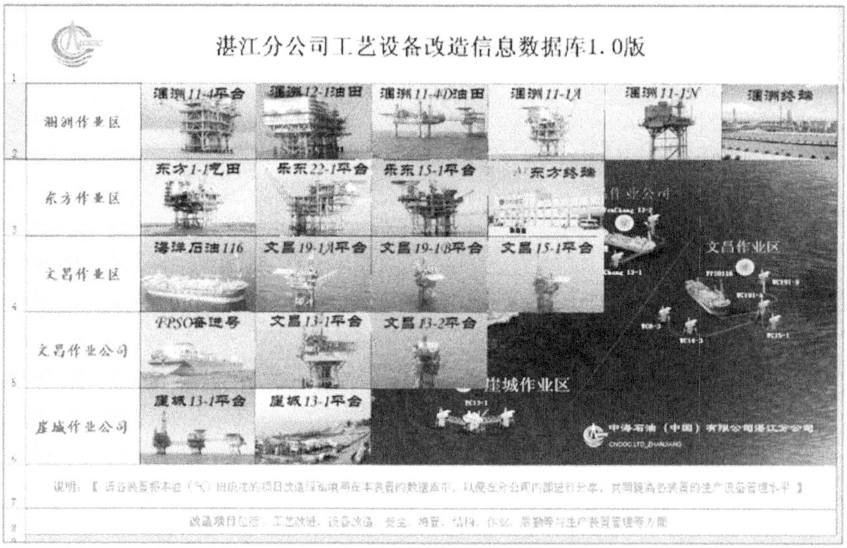

LD22-1气田工程设计及建设合理化建议

序号	类别	改造项目名称描述	改造原因	改造目的	改造内容简述	改造后值得运用和推广的内容	改造措施是否有遗留问题	附件名称及内容
●	工艺改进	1. 乐东22-1平台流程优化方案		投产前在不启动压缩机情况下可以给下游用户供气；另外如果压缩机停机可以通过旁通管线暂时供气	给透平压缩机组安装旁通管线和压缩机的回流管线			乐东22-1平台流程优化方案.doc
	工艺改进	2. 三甘醇尾气排放流程改造		三甘醇尾气排放在设计时排放点在中层甲板右舷的吊装区顶部，尾气包含高温水蒸气、少量烃类物质和蒸发的三甘醇，严重影响吊装区和通道旁人员、设备安全	将排放位置移至火炬臂的中部位置，与闭排罐的冷放空气体一起排放，增加一个隔离阀和排放阀			三甘醇再生系统尾气排放流程改造方案_20090715. pdf
	工艺改进	3. 开闭排罐流程改造		设计原则是闭排的污水排放至开排槽，经开排槽泵打液至开排罐。在闭排排液时易出现开排槽溢罐现象，污染环境；且流程过于烦琐	将闭排污水排放流程直接旁通开排罐，经开排槽泵打入开排罐			开闭排罐流程改造方案_20090905. pdf
●	设备改造	1. 中央空调冷凝水回收方案		收集中央空调的冷凝水和飞机甲板的雨水以及造淡机生产的淡水，用于甲板清洗等	在生活水罐区域，利用已有的淡水泵，经开排槽罐，增加一个 $10m^3$ 的淡水收集罐			雨水及中央空调冷凝水回收方案. doc
	设备改造	2. 乐东22-1平台气象仪安装位置改造方案		由于最初安装位置设计于飞机甲板的左舷处，受压缩机的排烟管影响，导致其风速风向极度不准	将风速仪安装位置改造至火炬管的中部位置			乐东22-1平台气象仪安装位置改造方案. doc

图 2-6　工艺设备改造信息数据库示意图

2.6.2 生产准备阶段问题管理

2.6.2.1 总体要求

项目实施过程中会产生诸多问题，如管理方面的问题、设备方面的问题等。需要一个流程将这些问题进行记录、汇总、整理、跟踪，最终促成问题的解决，消除因遗留问题对管理、设备等方面带来的隐患和风险，使得生产准备工作顺利地开展和完成。问题管理包括主动性问题管理和被动性问题管理两类活动。前者的目标是通过找出基础设施中的薄弱环节来阻止事件再次发生，以及提出消除这些薄弱环节的建议；后者的目标是找出导致以前事件发生的根本原因，以及提出解决措施或纠正建议。

生产准备项目组阶段设备设施的管理要定岗、定责、定期；每个阶段的问题单独进行汇总，待下一个阶段开始后，上一阶段未整改的问题移至新的工作簿并区分；设备设施问题要进行分类和分级管理；设备设施问题的解决方案尽量前移，避免将过多的问题带到海上进行解决，对于要改动设计的问题要设计出方案，方可进行改造；对于不符合设计的问题要追责到底，必须整改；对于涉及相关作业方较多且难以推动的问题，由生产准备项目组发备忘录给工程项目组，并要求整改；问题管理采取日汇报、周总结制度，确保所有问题（特别是重点问题）得到有效跟踪；在问题管理上，生产准备项目组人员要具备三个主动原则，即主动发现问题、主动分析问题、主动解决问题；关键设备的问题重点跟踪，维修监督汇总问题情况，汇报总监及项目组经理。

问题管理主要岗位职责如下：

（1）项目经理 对外联系一出口；负责重大问题同公司上级部门的协调。

（2）总监 问题清单审核；问题归类并分派任务；跟踪各监督和主操对问题的处理情况；对已经解决的问题进行验收和关闭；重大问题向项目经理汇报。

（3）监督 对各自专业问题清单进行整理形成统一报表，报送总监审核；监督和跟踪各项问题解决的进度和过程；配合总监对已经解决的问题进行验收；同工程方工程师进行协调和沟通；负责各自专业问题报表的存档。

（4）主操 收集问题，填写问题跟踪表；每周五下班前，汇总本周问题，并按专业提交各监督；现场跟踪各项问题的解决情况，并向各监督汇报；配合监督和总监对已经解决的问题进行验收；日常工作中同工程方工程师进行协调和沟通。

（5）项目秘书 根据项目经理的指示，对外发送相关文件，并做好记录和存档；接收工程方文件，并提交给项目经理审阅，接收文件存档；每月汇总各监督的问题报表，按月进行装订。

2.6.2.2 各阶段问题管理关键内容

设备质量控制按照项目进程分为五个阶段：设计选型阶段、厂家建造阶段、出厂验收阶段、现场安装阶段、运行调试阶段。每个阶段都要指派专业技术人员进行复核或跟踪。

（1）设计选型阶段 跟踪设备设施选型是否满足"三新三化"；设备设施设计工艺参数是否满足现场操作要求；设备设施主体材料是否满足其内外工作环境要求；设备设施安装位置是否与其他设备设施位置存在冲突；设备设施安装位置是否满足日后维保需求。

（2）厂家建造阶段 制定驻厂建造跟踪计划；要求厂家提供设备设施建造规格书；要求厂家提供设备设施建造方案，方案需包含施工程序、质量控制措施、安全控制措施及项目进度等；要求厂家提供施工人员的技术资格证书；要求厂家提供建造材料的材质证明及相应的试验证书；要求厂家配合甲方技术人员进行相关的检查和试验工作；针对建造过程中的质量问题要及时制止并反馈厂家质量管控人员并向总监及项目经理汇报情况；检查设备设施附属管线、仪表、支架等是否遵守设计文件；检查设备设施及附属件的防腐是否满足技术文件要求；驻厂建造跟踪期间发现的问题做好记录。

（3）出厂验收阶段 厂家需提供设备设施出厂调试验收方案；检查设备设施建造质量相关证书是否齐全；对设备设施内部和外部进行全面

检查，确认有无不符合设计项；检查设备设施的防腐是否满足现场使用需求；检查设备设施运行参数是否满足设计要求；发现的问题及时记录并要求厂家出厂前进行整改。

（4）现场安装阶段　工程项目组需提供设备设施建造安装方案及1版以上设计文件；施工方需提供人员的技术资格证书；施工方需提供建造安装材料的材质证明及相应的试验证书；施工方要配合甲方技术人员进行相关的检查和试验工作；甲方技术人员针对建造安装过程中的质量问题要及时制止并反馈给工程项目组及总包项目组；检查设备设施附属管线、仪表、支架等是否遵守设计文件；检查设备设施及附属件的防腐是否满足技术文件要求；影响设备设施建造/安装/运行质量的问题未解决之前不得继续施工；现场建造安装期间发现的问题做好记录。

（5）运行调试阶段　工程项目组需提供设备设施调试大纲及调试方案；工程项目组需组织厂家、检验、施工、调试等多方人员召开调试前的作业风险分析会；生产准备组人员在调试前对设备设施的完整性进行检查确认；生产准备组人员配合调试项目组人员进行调试；在调试期间发现异常要立即停止，在排除故障前不得再次启动机组；调试期间做好每个阶段运行参数的记录，运行调试时间严格遵守调试大纲；调试期间发现的问题要及时记录并反馈；调试结束后要对现场设备设施进行相应的保护和封存；调试结束后，工程项目组需组织多方人员进行调试总结会，并针对遗留问题明确整改方案和日期。

2.6.2.3　问题管理良好实践

（1）文昌 9-2/9-3/10-3 气田群生产准备组建立问题管理程序　为了发现问题早、记录问题准、跟踪问题紧、解决问题快，生产准备组建立了问题管理程序。主要包括问题类型划分、工作界面、问题管理流程等。

① 问题类型划分

a. 出厂验收问题（FAT）　设备出厂验收过程中发现的各类问题，重点关注未解决的遗留问题。

b. 验货问题　到货数量（三单合一）、质量、规格等问题。

c. 建造问题　　跟踪建造过程中及设备专项巡检过程中发现的各类问题，如结构、配管、机械、电气、仪表、动力、通信、安全设备等各类问题。

d. 调试问题　　调试过程中发现的影响安全、设备稳定运行、调试进度、设备使用、设备维修保养、其他系统运行等问题。

e. 合理化建议　　有利于安全、环保、后期使用、后期维保、提质增效等方面的建议。

② 工作界面

a. 总监　　现场巡检发现并记录问题，提出合理化建议；推动监督解决不了的问题；不定时浏览设备/系统问题跟踪记录表。

b. 专业监督　　现场巡检发现并记录问题，提出合理化建议；推动主操解决不了的问题；每周浏览两次设备/系统问题跟踪记录表，选出关键/重要问题（影响安全生产、投产及整改难度特别大、周期长的问题），然后在生产准备组周例会上进行讨论。

c. 专业主操　　发现问题、记录问题、反馈问题、处理能力范围内的问题、更新相关记录。

③ 问题管理流程

a. 问题发现　　生产准备组全员参与问题管理，每个人都是问题发现人，也是问题记录者，同时也是问题整改的推动者。

b. 问题记录

ⅰ. 记录人　　问题发现人及相关设备、系统参与调试人员为问题记录人。

ⅱ. 记录方式　　图文并茂，描写详细。

c. 问题反馈

ⅰ. 类型 1　　现场建造跟踪人员通过与施工方沟通，或者通过报检群当天能够解决的问题不用记录，例会上说明一下即可。

ⅱ. 类型 2　　需要监督、总监，或者工程项目组出面推动的工作，可随时通过与总监、监督面谈，或者日会提出，经讨论达成一致意见后，采用生产准备组问题反馈标准模板作为附件（如果问题用简单的文字可以描述清楚，通过邮件正文反馈即可），编辑发送工程项目组相关专业工程师，抄送对倒主操、监督、总监；监督直接联系工程项目组专业首席/工程师解决相关问题，邮件抄送给总监和相关专业主操；总监牵头推动整改的问题要用邮件抄送给专业监督和相关专业主操。

　　d. 问题跟踪

　　ⅰ. 日跟踪：监督、总监每天关注问题填报，及时确定跟踪人及整改日期。

　　ⅱ. 周追踪：每周五生产准备组周例会审核问题跟踪记录表，讨论问题解决方案，核定问题整改日期，协调问题解决力量，促进问题尽早解决。

　　e. 问题关闭　　问题解决后，由问题跟踪人在记录表中及时关闭问题。

　　f. 问题跟踪解决奖惩制　　对于发现问题多、发现的问题质量高、解决问题快、解决问题多的员工实施奖励。

　　(2) 文昌9-2/9-3/10-3气田群生产准备组建立问题管理案例　　文昌9-2/9-3/10-3气田群生产准备组建立了设备调试遗留问题表、设备设施问题跟踪表、中控画面及操控问题表等。问题跟踪表如表2-4所示。

2.7　生产准备试生产检查管理

2.7.1　总体要求

　　① 分公司健康安全环保部在试运行前45天向安办海油湛江监督处备案，并提交下列资料，其中由生产准备组提交的资料包括试生产安全保障措施、生产设施主要技术说明和总体布置图及工艺流程图、生产设施运营的主要负责人和安全生产管理人员安全资格证书、生产设施运营安全手册、生产设施运营安全应急预案；由工程项目组提交的资料包括生产设施试生产备案申请书、海底长输油（气）管线投用备案申请书、

表 2-4 问题跟踪表

中控画面及操控问题

	总数量/条	13
	跟踪中/条	13
	已完成/条	1
	整改率	7.69%

机械	0
电气	0
仪表	7
动力	0
中控	6

系统/设备	序号	专业	问题内容描述	问题类型	问题分级	问题提出人	发现日期	整改意见及进度	整改负责人	状态节点	更新日期	更新人
	1	仪表	发电机7001A流量计FIT-7001A未校准	隐患整改	重要	陶某	2017/7/15	流量计厂家整改	吴某某	未开始	2017/7/22	
	2	仪表	高压生产分离器出口FIT-2004未校准	隐患整改	重要	陶某	2017/7/15	流量计厂家整改	吴某某	未开始	2017/7/22	
	3	中控	三甘醇接触塔液位控制阀LV2625,SDV-2626开关动作未做进画面	隐患整改	重要	陶某	2017/7/15	中控厂家	尹某某	未开始	2017/7/22	
	4	中控	一二级换热器TV-2704关闭时显示绿色,需修改为红色	隐患整改	一般	陶某	2017/7/15	中控厂家	尹某某	已完成	2017/7/22	
	5	仪表	火灾盘SBS打到旁通状态时,各撬块压力高,也被旁通	隐患整改	关键	陶某	2017/7/15	中控厂家	吴某某	未开始	2017/7/22	
	6	仪表	高压火炬出口流量计FIT-3403未校准	隐患整改	重要	陶某	2017/7/15	流量计厂家整改	吴某某	未开始	2017/7/22	
	7	中控	天然气进口冷却器爆破片中控显示有问题(XS-2601B)	隐患整改	重要	陶某	2017/7/15	中控厂家	尹某某	未开始	2017/7/22	
	8	中控	化学药剂注入撬NO.3画面多一个控制阀,具体作用不明	隐患整改	重要	陶某	2017/7/15	中控厂家	尹某某	未开始	2017/7/22	
	9	中控	干气压缩机出口排气温度未做到中控进行监控	隐患整改	重要	陈某某	2017/7/16	中控厂家	尹某某	未开始	2017/7/22	
	10	中控	干湿气压缩机,低压在复机的消油画面应改成在复机模型	隐患整改	一般	靳某某	2017/7/16	中控厂家	尹某某	未开始	2017/7/22	

湿气压缩机 CEP-X-2501

序号	重要性分类	专业/设备/系统	描述	发现时间	湛江分公司整改建议	海工整改建议	提出人	关闭情况	备注
1	A	PI	海水管线与 PID 不符,未安装阀门,只有一个堵头	2016/10/18	设计核实给出技术意见。采办铜镍阀门,7 月 20 日前完成	待设计给出意见,但 7 月 20 日完成时间需提前	刘某	closed (关闭)	到货后移交
2	B	IN	现场部分变送器未接线,未用合格的堵头封堵(接线完成之后)	2016/10/22	同材质丝堵安装,出海前完成	316 材质丝堵已到,3 月 10 日前完成	吴某某	closed (关闭)	待核实,可以关闭,待设提供堵头
3	B	IN	确保变送器屏蔽接地正确(一端接地),只在控制柜内接地,变送器接线盒内不接地;变送器外壳应接地	2016/10/22	珠海再确认。变送器外壳接地,出海前完成	3 月 10 日前完成	吴某某	closed (关闭)	
4	B	PR	管道变更材质的法兰连接面使用绝缘垫片	2017/01/22	需进一步讨论	需进一步讨论	戚某	closed (关闭)	提供备件

发证检验机构对生产设施的最终检验证书（或者临时检验证书）和检验报告、建设阶段资料登记表、安全设施设计审查合格证书、设计修改及审查合格的有关文件、施工单位资质证明、施工期间发生的生产安全事故及其他重大工程质量事故情况、生产设施有关证书和文件登记表、生产设施所属设备的取证分类表及有关证书或证件。

② 安办海油湛江监督处成立专家组到现场进行检查，并根据检查情况出具试生产检查《行政执法文书整改指令书》和《行政执法文书现场检查记录》。工程项目组和生产准备组根据检查记录组织整改，并将整改完成情况向湛江监督处备案。湛江监督处颁发《生产设施试生产备案通知书》。

③ 分公司在试运行前15天向有限公司提交由分公司主管副总经理签发的投产检查验收的申请书；有限公司在试运行前2～5天组织专家对生产设施的机械完工状况、生产准备情况、安全状态进行检查验收，并将检查结果通知分公司；如果委托分公司组织专家检查验收，分公司生产部将检查验收结果上报上级职能主管部门；开发工程项目组或生产准备项目组根据专家意见进行整改并把整改结果上报上级职能主管部门。有限公司对于满足试运行条件的生产设施出具备忘录或颁发相应的证书。

2.7.2　试生产检查和验收

2.7.2.1　试生产验收应准备的文件

文件、资料的检查是投产验收的重要组成部分，为确保油（气）田的顺利投产，投产前进行的调试和其他准备工作应做好记录，并按要求进行整理、归档。向检查验收专家组提交的文件至少应包括：《投产方案》、《投产方案》审查会专家意见的回复、投产组织机构图、油（气）田岗位设置和人员到位情况表、到岗人员的资质证书、投产物料准备清单、生产报表、生产现场管理规定、主要设备（电站、热站、压缩机和主要工艺设备等）的运行记录表、主要设备（电站、热站、压缩机和主要工艺设备等）操作规程、机械完工交验记录和遗留问题清单、压力试验和严密性试验记录、联合调试及系统惰化记录、关断试验记录及其他相关证书、提交已录入完成的投产设施交验数据库。

2.7.2.2 验收检查和许可证发放程序

① 在投产（气田开井）前 5～10 天，由开发生产部组织专家组到现场对新油（气）田投产前的准备工作进行检查验收。

② 投产检查验收分为资料（文件）检查和现场检查两部分。为提高效率和减少对现场工作的影响，文件资料的检查应尽可能地在陆地上完成。

③ 投产检查验收专家组到达后，由分公司汇报该油（气）田投产的准备情况，内容至少应包括：设备安装调试的进展状况、油气井开井准备情况、海管调试情况及可能影响投产的主要问题等。

④ 分公司应向专家组提供投产设施交验数据库和文件资料清单，专家组长指定人员根据要求和文件资料清单对以下文件进行检查核实：投产组织机构、油气田岗位设置和人员到位情况、到岗人员的资质证书、投产物料准备清单、生产报表、相关证书。

⑤ 在完成陆地资料检查后，专家组到现场进行检查。生产准备项目组应指定相关人员介绍并协助完成验收检查，专家组重点检查设备的安装调试情况，并可能要求对应急发电机、吊机等关键设备进行实际操作；专家组还将检查主要设备的操作规程、运行记录落实情况和操作人员对流程/设备、管理制度的熟悉情况及完成在陆地上没有完成的资料检查（如：机械完工交验记录和遗留问题清单）。

⑥ 投产检查验收专家组还将检查管理制度是否完备，并抽查操作人员、管理人员是否了解和执行管理制度。

⑦ 根据资料检查和现场检查的结果及投产设施交验数据库生成的汇总报告，由专家组长主持形成验收意见，结合国家安全生产监督总局海洋石油作业安全办公室有关《海上生产设施作业许可证》相关检查的结果，对于达到要求的油（气）田发放由有限公司主管开发生产副总裁签署的《海上新油（气）田投产许可证》，允许投产。对于尚未达到《指标》要求的新油（气）田要限期整改，待整改达到要求并提交书面

报告后再发放《海上新油（气）田投产许可证》，准许投产。

⑧ 对于基本达到要求，但还存在一些不影响投产问题的油（气）田，要将存在的问题尽量在投产前整改完成，并将整改结果书面报告给有限公司开发生产部。

⑨ 最终的投产设施交验数据库分别由开发生产部和分公司存档，以指导和检查油（气）田投产后设施的整改和维护工作。

2.7.2.3 海上油(气)田投产验收应具备的条件

（1）投产组织机构 新油（气）田在联合调试前必须按批准的《投产方案》落实投产领导小组和投产执行小组人员及工作职责。

（2）生产管理和操作人员配备 新油（气）田人员必须严格按有限公司人力资源部批复的定员配备到位；新油（气）田人员在上岗前必须完成全员系统培训并获得相应证书（包括"五小证"等安全证书、特殊工种作业证、健康证及岗位资格证等）。

（3）钻完井及开井诱喷方案准备

① 钻完井报告 在投产检查验收之前，参与投产的各生产用井需具备《钻井总结报告》和《完井总结报告》或相关油井资料。

② 生产井状态和备用诱喷方案的落实

a. 投产井数和开井顺序落实。

b. 自喷井 采油树等井口设施及井下安全阀系统均处于良好待用状态，井口压力足以随时开井进入生产流程。如果设计中的"自喷井"无自喷能力，在投产验收前应制定备用的诱喷方案，且诱喷物料、设备、工具和作业队伍应准备妥当。

c. 人工举升井 采油树等井口设施及井下安全阀系统均处于良好待用状态，举升设备随时可以投入运行，相关流程、设备、工具等均工作正常，处于待用状态。

③ 防砂开井控制方案落实到位。

④ 修井机 修井机按设计完成机械完工和功能试验。若《投产方案》中要求修井机参与某些生产井的投产，修井机应处于良好待用状态。

（4）设备机械完工及系统交验

① 设备机械完工及系统交验是投产准备工作阶段的一项重要工作。

② 设备及系统交验文件是工程项目组向生产部门交接的具有备忘录性质的阶段性总结文件，包括工程规模、设备数量、设备调试交验情况、工程存在的问题及整改计划等内容，机械完工验收文件由生产部门和工程项目组双方的负责人共同签署。

③ 海上油（气）田生产设施中主要系统的验收指标见5.2节机械完工交验。对于FPSO上《指标》没有涉及的其他设备及系统的交验指标执行船舶工业有关标准；对于陆地终端中《指标》没有涉及的设备及系统的交验指标执行石化行业相关标准。

（5）联合调试

① 工程项目机械完工后，主要设备（指电站、配电系统、空压机、热站及工艺系统主要设备）达到了《指标》中机械完工交验的要求，工程项目组、生产部门双方签署了机械完工文件，这是系统联合调试的先决条件。

② 工艺系统按《指标》的要求完成了系统联合调试，即压力试验、气密性试验、水循环试验（热试运，含中控仪表联调）、计量系统校核等。

③ 在联合调试完成后进行应急关断系统试验，根据关断逻辑图，完成平台的各级关断试验以及平台间的关断试验。

④ 在工艺流程惰化前，过程控制系统、应急关断系统和火气探测系统均应完成调试。

（6）投产前生产设施应达到的状况　主电站、应急电站投入运行确保供电；工艺系统完成惰化，具备进料条件；其他公用系统投入运行或具备投入运行条件；消防系统投入运行；过程控制系统、应急关断系统、火气探测系统投入运行；各生产单元间通信顺畅；海管完成全程通球；投产现场完成必要的标识工作。

（7）生产管理制度的落实　在投产前应根据分公司的生产管理体系制定完善的油（气）田生产管理制度并确保在投产过程中和生产过程中得以贯彻执行。

（8）投产和初期生产物料准备　生产部门应根据批复的生产准备费列出投产物料清单，并采办落实投产阶段所需的各种物料。

（9）技术资料　除《投产方案》外，下列技术资料应到位：

① 由工程项目组组织编写的《培训教材》，在操作人员全员培训之前应交生产部门使用。

② 重要设备厂商文件应到位。

③ 在投产前 3 个月，由工程项目组组织编写的《操作维修手册》应到位。

（10）证书　油（气）田投产前应取得的有关证书如下：

① 海上油（气）生产设施作业许可证。

② 由有国家认可资质机构出具的外输计量仪表标定证书（工程项目组负责落实）。

③ 码头装卸操作证。

④ 其他相关证书。

（11）其他

① 针对投产时可能出现的突发事件制定的应对措施。

② 集团公司销售代表已与油、气用户签订了销售协议。生产部门根据销售协议确认油、气用户具备了接收油、气条件。

2.7.2.4　钻完井及诱喷方案验收指标

（1）钻井交接指标　新油（气）田投产验收时，应提交但不限于以下的钻井资料：海洋环境、钻井基础数据、地层破裂压力试验、地层漏失试验、套管程序、井眼轨迹、固井资料、测井资料、钻井事故记录、井槽分布图、钻井液地层伤害评价等。

（2）完井指标　新油（气）田投产验收时，应提交但不限于以下的完井资料：油（气）藏基础数据及要求、洗井资料、射孔资料、地层漏失资料、封隔器坐封资料、循环及管柱试压资料、砾石充填资料、生产管柱资料、临时弃井管柱资料、采油树及井口基础资料、工程事故记录、充填砾石性能参数、地层敏感性参数评价结果、入井液地层伤害评价、钻完井液相容性资料等。

（3）油气井开井　开井顺序表如表2-5所示。

表 2-5　开井顺序表

序号	井号	类型	稳定时间及注意事项
1			
2			
3			
4			
5			
6			
7			
8			
9			
10			

① 自喷井　新油（气）田投产验收时，自喷井应提交但不限于以下的资料：诱喷方式、诱喷情况、地面/井下化学药剂注入系统、补救措施及效果（酸化、压裂、修井、转抽及其他）等。自喷井检查项目如表2-6所示。

表 2-6　自喷井检查项目

项目	内　　容	交验情况		备注
		合格	不合格	
应交资料	1. 钻井完工报告			
	2. 完井完工报告			
检查项目	1. 采油树、安全阀等地面相关设施具有功能试验、试压记录			
	2. 井号、阀门开关状态标记清楚			
	3. 井口压力温度传感器、仪表正常			
	4. 有井口压力，开井后井流体能进入生产流程			
	5. 如果没有井口压力，备用诱喷方案中的设备、工具、人员到位			
	6. 井下加药系统的试验、试压记录，药剂准备妥当			
试验项目	1. 油嘴调节灵活、准确			
	2. 地面安全阀、井下安全阀开关正常			
	3. 采油树阀门开关正常			

② 电潜泵/电潜螺杆泵人工举升井　新油（气）田投产验收时，电潜泵/电潜螺杆泵人工举升井应提交但不限于以下的资料：电潜泵地面设施资料、采油树等井口控制设施资料、主要井下设备及工具资料。电潜泵/电潜螺杆泵人工举升井检查项目如表2-7所示。

表2-7　电潜泵/电潜螺杆泵人工举升井检查项目

项目	内　容	交验情况		备注
		合格	不合格	
应交资料	1. 钻井完工报告			
	2. 完井完工报告			
	3. 地面设施(变电、控制设备、接线盒等)完工资料(现场安装检验报告、出厂合格证、使用说明书和船检证书)			
	4. 井口放气阀完工报告(现场安装试压合格报告、出厂合格证和船检证书)			
检查项目	1. 采油树、安全阀、变电设备、控制设备、接线盒、电缆等地面相关设施试验合格			
	2. 地面设备及采油树等对应井号、阀门开关状态标识清楚			
	3. 井设备完好,满足功能要求			
	4. 电潜泵机组安装完毕后的绝缘和井口憋压试验记录			
	5. 控制柜/变频器运行参数、设定参数合理			
	6. 化学药剂注入设备完好、管线畅通并备有足够量的药剂			
试验项目	1. 油嘴调节灵活、刻度准确			
	2. 地面放气阀压力调节自由,功能正常			
	3. 地面安全阀、井下安全阀开关正常			
	4. 采油树阀门开关正常			

③ 射流泵人工举升井　新油（气）田投产验收时，射流泵人工举升井应提交但不限于以下的资料：动力液泵及其配电盘资料、控制柜资料、动力液分配管线资料、计量装置资料、调节阀资料、地面安全阀资料、地面油嘴资料、地面/井下安全阀井口控制盘资料、采油树等地面设备和环空封隔器资料、油管安全阀资料、射流泵及工作筒资料、伸缩短节等井下工具资料，以及补救措施及效果（酸化、压裂、修井及其他）资料等。射流泵人工举升井检查项目如表2-8所示。

表 2-8　射流泵人工举升井检查项目

项目	内　　容	交验情况		备注
		合格	不合格	
应交资料	1. 钻井完工报告			
	2. 完井完工报告			
检查项目	1. 采油树、安全阀等地面相关设施具有功能试验、试压记录			
	2. 地面动力液泵系统试验记录			
	3. 井号、阀门开关状态标记清楚			
	4. 井口压力温度传感器、仪表正常			
	5. 地面动力液泵供配电及控制系统完好调试记录，安全设定值合理，能够随时投入使用			
	6. 动力液分配、调节和计量系统调试记录，安全设定值合理，能够随时投入使用			
	7. 井下射流泵已下到位，机组及其设计参数明确			
	8. 压井设备完好调试记录			
	9. 井下加药系统的功能试验、试压记录，药剂准备妥当			
试验项目	1. 油嘴调节灵活、准确，无堵塞			
	2. 地面安全阀、井下安全阀能正常开关			
	3. 采油树阀门能正常开关			

④ 气举井　新油（气）田投产验收时，气举井应提交但不限于以下的资料：气源井资料、压缩机及其配电盘变压器资料、控制柜资料、注入气分配管线资料、计量装置资料、调节阀资料、地面安全阀资料、地面油嘴资料、地面/井下安全阀井口控制盘资料、采油树资料、化学药剂注入系统资料、保温系统等地面设备和环空封隔器资料、油管安全阀资料、气举阀及工作筒资料、伸缩短节资料、井下药剂注入阀及管线等井下工具资料，以及补救措施及效果（酸化、压裂、修井及其他）资料等。气举井检查项目如表 2-9 所示。

表 2-9　气举井检查项目

项目	内　　容	交验情况		备注
		合格	不合格	
应交资料	1. 钻井完工报告			
	2. 完井完工报告			
	3. 压缩机调试报告、出厂合格证书、使用说明书和船检证书			

项目	内　　容	交验情况		备注
		合格	不合格	
检查项目	1. 气源井符合气井指标要求			
	2. 压缩机及其供配电及控制系统完好,安全设定值合理,能够随时投入使用,有出厂合格证明和船检证书			
	3. 气量分配、调节和计量系统调试记录			
	4. 注气管线保温或加热系统完工报告			
	5. 化学药剂添加系统调试记录,化学药剂准备量满足投产使用要求			
	6. 压井设备调试记录			
	7. 采油树、安全阀等地面相关设施具有功能试验、试压记录			
试验项目	1. 地面安全阀、井下安全阀开关正常			
	2. 油嘴调节灵活、刻度准确			
	3. 采油树阀门开关正常			

2.7.2.5　其他

机械完工校验、生产管理制度、投产资料验收指标等见第 5 章。

2.8　安全竣工验收管理

2.8.1　生产设施安全竣工验收流程

2.8.1.1　验收申请

新建和改扩建项目的生产设施在试生产前报海油安办海油分部备案、投入试生产且达到正常状态后,生产准备组一般在 6 个月内(最长不得超过 12 个月)向分公司申请安全竣工验收,并提交以下资料(一式两份):

① 中海石油建设项目生产设施安全竣工验收申请表。

② 发证检验机构出具的生产设施发证检验证书。

③ 发证检验机构编制的生产设施发证检验报告，报告内容应符合下列要求：

a. 概述　包括发证检验依据的法规、标准，作业者概况，建设项目概况和主要生产工艺流程描述。

b. 发证检验情况　对生产设施设计、建造、安装和试运转阶段的检验内容、检验程序、检验过程、检验结果、整改要求和实际整改情况进行描述。

c. 检验结论　包括发证检验的结论性意见、遗留问题和整改要求，以及其他需要说明的情况。

④ 安全评价机构编制的生产设施验收评价报告、安全验收评价和安全预评价宜由不同的安全评价机构分别承担，报告内容及格式应符合国家有关安全验收评价的规定和标准。

⑤ 试生产期间安全生产情况报告，报告的内容应包括下列几项：

a. 试生产前安全检查发现问题的整改情况。

b. 生产设施安全机构建立和人员配备情况，人员培训和获取各类资质证书的情况。

c. 安全生产责任制、安全生产管理制度、各类安全作业程序的建立和执行情况。

d. 生产设施试运行情况。

e. 试运行期间发生的生产安全事故情况。

f. 应急预案的建立和执行情况。

g. 试生产期间的变更情况，包括主要安全生产管理人员的变化、主要设备操作程序/参数的重大变化及其他重大变更情况。

h. 生产设施主要危险源清单和对应的控制措施。

⑥ 作业公司的主要负责人和安全生产管理人员安全资格证书复印件、特种作业人员资格证书清单、出海作业人员安全培训证书清单。

对于以上资料，作业公司负责保存全部提交资料的副本，并负责保存补充或更新的内容，发证检验机构负责保存发证检验过程文件。

2.8.1.2 验收资料审查

① 对于新建项目的生产设施，由生产准备组对作业公司提交的验收资料进行初步审核，然后向有限公司提交验收申请，由有限公司开发生产部进行验收资料的正式审查。

② 对于改扩建项目生产设施，由分公司直接进行验收资料的正式审查。

③ 生产设施验收资料的正式审查工作要在提出申请的 15 个工作日内完成，并出具审查意见，同时填写海洋石油建设项目生产设施安全竣工验收资料审查表。

④ 验收资料审查不合格的，作业公司要按照验收资料审查表中的审核意见重新提交验收资料。

2.8.1.3 现场验收组织

① 验收资料审查合格后，应在 30 个工作日内组织开展安全竣工现场验收工作。

② 现场验收应成立由相关专家组成的验收专家组，并指定一名专家担任组长。聘请的专家应具有海洋石油安全生产相关高级技术职称或相当资格，熟悉海洋石油安全生产相关法规和标准，身体健康，能够适应海上工作环境。

③ 新建项目生产设施的现场验收由有限公司开发生产部组织，验收专家组不少于 7 人；改扩建项目生产设施的现场验收由分公司组织，验收专家组不少于 5 人。

2.8.1.4 验收后处理

对于新建项目生产设施，有限公司根据验收组验收情况做出以下决定：

① 现场验收合格的，在 10 个工作日内做出通过竣工验收的批复，并出具竣工验收的证明文件，同时抄送有限公司 QHSE 部。

② 现场验收发现问题、需要整改的，作业公司应按照验收组提出的意见进行落实，整改完成后向有限公司开发生产部提交整改情况报告。经复核符合要求的，做出通过竣工验收的批复，并出具竣工验收的

证明文件，同时抄送有限公司 QHSE 部。

③ 存在重大问题、不能通过安全竣工验收的，有限公司开发生产部应督促油（气）田作业公司/作业区停产整顿，整改完成后应重新履行安全竣工验收手续。

④ 有限公司开发生产部负责保存相关申请、验收过程文件、备案证明文件、通过安全竣工验收的证明文件的电子版资料，原版资料由分公司进行存档。

对于改扩建项目生产设施，分公司根据验收组验收情况做出以下决定：

① 现场验收合格的，在 10 个工作日内做出通过竣工验收的批复，并出具竣工验收的证明文件，同时抄送有限公司开发生产部和有限公司 QHSE 部。

② 现场验收发现问题、需要整改的，作业公司应按照验收组提出的意见进行落实整改，整改完成后向分公司提交整改情况报告。经复核符合要求的，做出通过竣工验收的批复，并出具竣工验收的证明文件，同时向有限公司开发生产部进行备案。

③ 存在重大问题、不能通过安全竣工验收的，分公司应督促作业公司停产整顿，整改完成后应重新履行安全竣工验收手续。

④ 分公司负责存档相关申请、验收过程文件、备案证明文件、通过安全竣工验收的证明文件。

2.8.2　生产设施安全竣工现场验收要求

2.8.2.1　生产设施安全竣工现场验收步骤

（1）召开会议，听取汇报　验收会议由验收组全体成员、作业者代表、建设项目生产设施单位的代表、发证检验机构代表、安全验收评价机构代表和设计施工单位代表及相关人员参加。听取施工单位汇报工程建设情况（作业者向会议汇报有关生产设施的基本情况、试生产前安全检查发现问题的整改情况和试生产期间的安全生产情况）及发证检验机构发证检验情况的汇报。

（2）验收评价报告形式审查　核验验收评价报告的真实性和有效性，如验收评价报告不符合《安全评价机构管理规定》（国家安全监管总局令第 22 号），将中止验收。

（3）现场检查和试验　验收评价报告经形式审查通过后，对生产设施进行现场检查和试验，现场检查和试验须包括但不限于以下内容：

① 救逃生设备　救生艇、救生筏、救生衣和救生圈等。

② 火气探测系统　可燃气体探头、火焰探头、烟雾探头、热探头、硫化氢探头、氢气探头和易熔塞系统等。

③ 消防系统　消防泵、水喷淋系统、泡沫系统、移动式灭火设备、封闭空间的定式消防系统、火炬/冷放空位置的灭火系统和直升机甲板的消防设备等。

④ 应急设备　应急发电机、应急通信设备、应急照明设备等。

⑤ 主要设备、流程上的安全装置　压力释放安全阀、紧急关断阀、井口/井下安全阀、吊车及吊索具等。

⑥ 安全标识　禁止、警告、指令和提示符标识。

⑦ 证书、记录和资料　相关人员证书、安全管理制度、培训记录、应急预案、安全演练记录、主要设备的检验证书、操作规程、设备检查保养记录和事故报告等。

⑧ 其他资料　包括应急部署表、防火控制图等。

（4）提出验收意见　验收专家组组长通报验收情况，宣布验收意见，并对现场验收意见进行存档。

2.8.2.2　满足生产设施安全竣工现场验收的基本条件

① 取得发证检验机构出具的发证检验证书。

② 发证检验机构提出的遗留问题已经整改。

③ 试生产前安全检查发现的问题已经解决或已落实安全措施。

④ 建设项目生产设施单位的主要负责人、安全管理人员和特种作业人员取得相应的资格证书。

⑤ 建立并实施安全管理体系。

⑥ 编制应急预案，并定期组织演练。

⑦ 现场检查和试验符合要求。

2.9 生产准备后勤管理

由于生产准备组人员从各作业公司抽调，而且大部分海上人员家庭均在外地，为了营造"家文化"，让生产准备人员有充沛的精力投入到项目跟踪、调试和投产工作中，湛江分公司生产准备后勤服务采用由专业的服务单位提供的一体化管理模式。

从项目 ODP 批复到项目投产一般需要 1～2 年的时间，而生产准备人员到位到项目试生产的时间更短，一般是一年左右。这需要后勤管理服务单位有成熟的后勤管理经验，无论是硬件准备，还是制度建设、服务水平以及团队文化营造都需要在较短时间内准备充分。同时，生产准备组是一个新组建的团队，团队成员之间会有磨合期，需要后勤服务单位协助生产准备组经理促进团队成员的融洽。同时，新油（气）田开发项目环节众多，不可预知的因素较多，可能会因为这些不可预知的因素导致生产准备时间延长。这就需要后勤服务单位与生产准备组人员建立良好的沟通渠道，及时解决服务过程中存在的问题。

生产准备后勤服务的质量影响生产准备人员的办公和生活，生产准备后勤服务单位需要在较短的时间内为生产准备组人员营造最佳的环境。

2.9.1 服务理念

坚持以人为本的服务理念，遵循科学管理的管理理念，全体服务人员以标准化、专业化的操作规范为指导。在服务过程中注重每一个细节，视甲方为亲人。设立品质管理监控终端，实行"实时汇报""24 小时值班"制度，有效地监督服务工作，便于提高服务质量。

2.9.2　服务方针

① 志诚——全体服务人员立志树立全心全意为生产准备组服务的信念，与生产准备组成员之间做到坦诚相待。

② 创新——不断为生产准备组提供新颖、贴心的服务项目，充分满足甲方的需求。

③ 务实——全体员工从实际工作出发，虚心地接受意见和建议，努力做好各项工作让生产准备组满意。

2.9.3　服务目标

坚持"一切从服务开始……"的理念，持续提高服务品质，为生产准备组打造温馨和谐的后勤服务，为生产准备组安全生产保驾护航。

通过控制服务方案、人、物、作业等环节，做好质量控制措施、进度控制措施、安全防范措施，消除质量隐患、安全隐患，确保服务质量。

2.9.4　后勤管理相关制度

① 制度上墙　包括后勤服务人员岗位责任制、HSE 管理规定和制度、员工上岗证书。

② 实施"6S"管理制度。

③ 实行班前会制度　后勤主管负责组织召开班前会，每天一次。

④ 安全管理　后勤主管对后勤服务安全负责，要求全体服务人员执行工作标准、工作流程和安全管理规定，熟知岗位安全知识，掌握安全技能，会使用消防器材。安全教育每周 1 次，安全培训两个月 1 次，安全教育要有记录。工作中做到"五想五不干"，并按照"五想五不干"的要求进行安全评估。

⑤ 质量管理　对上级查出的问题和客户反映的问题及时整改并反馈结果。开展合理化建议活动，每人每年至少提交 1 份合理化建议。

⑥ 设备维护保养管理　每天对车辆实施"三检"（出车前、行车中、收车后）和日常保养。日常维护保养执行"十字作业"法（清洁、

润滑、紧固、调整、防腐），发现设备故障隐患，及时上报维修。驾驶员对所填写的报表和记录台账负责。

⑦ 团队建设管理 弘扬"大庆精神""铁人精神"和海油传统精神，践行单位企业文化，爱岗敬业，无私奉献，遵章守纪，诚实守信。

⑧ 质量管理 具有质量意识、效率意识、制度意识、竞争意识和用户至上的理念。

⑨ 考核奖惩管理 制定后勤服务人员月度考核测评表。依据《月度考核测评表》，项目执行经理对服务人员进行考核，每月考核 1 次。考核结果与员工绩效奖金挂钩。

2.9.5 后勤服务"6S"管理

2.9.5.1 "6S"管理改善对象及目标

"6S"改善对象及目标如表 2-10 所示。

表 2-10 "6S"改善对象及目标

实施项目	改善对象	目标
整理	空间	清爽的工作环境
整顿	时间	一目了然的工作场所
清扫	设备	高效率、高品质的工作场所
清洁	乱源	卫生、明朗的工作场所
修养	纪律、素质	全员参与、自觉行动的习惯

2.9.5.2 "6S"管理服务目标

① 良好的仪态及礼仪 规范的着装要求，良好的坐姿、站姿、电话礼仪，整洁、明亮、大方、舒适的接待环境。

② 单一整洁的办公室 台面整洁，文具、文件整理有序，公用设施专人负责，并有标识。

③ 清扫工具管理 清扫工具干净、明快、摆放有序，便于取放。

④ 工作速度和效率 最佳的工作速度和生产效率。

⑤ 空间效率 对现场分区划线，分析场地利用率，增加有限空间的利用价值。

⑥ 提高生产作业的安全性　零事故的安全绩效。

⑦ 团队建设　提升团队的互协作、互管理能力，充分开发团队效能。

2.9.5.3 "6S"管理载体及方法

① 定点相片　标准难以用文字表达者，在同一地点同一角度对着现场、作业照相，以其作为限度样本和管理的依据。

② 着色　可依重要性、危险性、紧急性程度，以各种颜色提醒相关人员，以便监视、追踪、留意，而达到有效、安全的目的。

③ 制定"6S"岗位检查表，后勤主管每周组织检查。

④ 张贴有关"6S"的海报、标语。

2.9.5.4 "6S"标准表

办公室、住宿房间及车辆"6S"标准表如表2-11～表2-13所示。

表 2-11　办公室 "6S" 标准表

区域	标准	责任人	满分	评分	问题点
台面、桌面	文件、资料整齐放置，不得凌乱	综合事务协调	5		
	茶杯、茶具需要摆放整齐，不得随意摆放		5		
	非每日必需品不得存放在操作台和办公桌上		4		
地面	垃圾桶在固定位置摆放，垃圾及时处理		4		
	地面保持干净，无垃圾、无油污、无碎粒、无破损		4		
	无非必需品、无杂物		4		
墙面	墙面无油污	综合事务协调	5		
	墙面上不得随意张贴文件		4		
	岗位责任制、生产责任制、应急部署表、HSE工作思路必须上墙		5		
办公桌椅	椅套、沙发要保持干净，无污迹、无破损	综合事务协调	4		
	办公椅、办公台、茶几应保持干净，无污迹、无灰尘		5		

区域	标准	责任人	满分	评分	问题点
文件柜	应保持柜面干净、无砂尘	综合事务协调	5		
	文件夹外侧的标识应统一		4		
	文件夹内的资料定期更新		4		
	文件柜内的资料、书籍应摆放整齐		4		
	班组安全建设完整、规范		5		
电脑	应保持干净,无灰尘、无污迹	综合事务协调	5		
	电脑线应束起来,不得凌乱		4		
电话	应保持干净,电话线不得凌乱	综合事务协调	5		
	电话号码表格张贴美观		5		
墙板	各种墙板必须定期进行整理,并保持干净	综合事务协调	5		
"6S"主题会	每月至少召开一次"6S"主题会,并有会议记录,定期检查实施情况	后勤主管	5		
总分			100		

表 2-12 住宿房间 "6S" 标准表

区域	标准	责任人	满分	评分	问题点
台面、桌面	台面整洁,无非必要的杂物	综合事务协调	6		
	茶杯、茶具需要摆放整齐,不得随意摆放		6		
地面	垃圾桶在固定位置摆放,垃圾及时处理	综合事务协调	6		
	地面保持干净,无垃圾、无油污、无碎粒、无破损		6		
	无非必需品、无杂物		6		
墙面	墙面无油污	综合事务协调	6		
	墙面完好无破损		6		
桌椅	椅套、沙发要保持干净,无污迹、无破损	综合事务协调	6		
	办公椅、办公台、茶几应保持干净,无污迹、无灰尘		6		
电话	应保持干净,电话线不得凌乱	综合事务协调	6		
床	床完好无破损	综合事务协调	6		
	床上用品舒适整洁		6		

区域	标准	责任人	满分	评分	问题点
卫生间	洁具完好,摆放整齐	综合事务协调	6		
	热水器完好		6		
	墙面和地板干净		6		
	洗手盆干净		6		
"6S"主题会	每月至少召开一次"6S"主题会,并有会议记录,定期检查实施情况	后勤主管	4		
总分			100		

表 2-13　车辆"6S"标准表

区域	标准	责任人	满分	评分	问题点
车辆外观	外观干净无灰尘	司机	7		
	车牌清楚无遮挡		8		
	车辆无刮痕		7		
车辆座椅	座椅干净舒适		7		
	座椅无破损		7		
	安全带完好		8		
车辆地垫	地垫干净	司机	7		
	地垫无破损		8		
车辆证件	车辆证件齐全	司机	8		
	车辆在规定的年检日期内		8		
车辆提醒标识	有温馨提示的标识	司机	8		
	标识张贴美观		8		
"6S"主题会	每月至少召开一次"6S"主题会,并有会议记录,定期检查实施情况	后勤主管	9		
总分			100		

2.9.5.5　检查与评比程序

(1) 检查时间　每周四 14:30。

(2) 检查组成员　后勤主管或其指定人员。

(3) 检查程序

① 检查内容　各岗位"6S"标准执行情况。

② 检查范围　所有"6S"责任区。

③ 评分标准　按照检查表格评分说明计分。

④ 后勤主管对检查出的问题进行整理，以"6S"问题整改通知单形式下发给各相关岗位，各负责人落实整改时间。

⑤ 各岗位将整改后的图片放在"6S"定点摄影表格中。

2.9.5.6 相关资料

"6S"问题整改通知单如表 2-14 所示。

表 2-14　"6S"问题整改通知单

"6S"问题整改通知单	
日期：　　　　区域：　　　　　　　　所属部门：	
类型：□初发　□再发　　　　级别：□严重　□一般	
问题描述：	发现问题委员意见： 后勤主管意见： 项目执行经理意见：

2.10 生产准备完工总结管理

2.10.1 完工资料整理

（1）项目批复文件

① 集团公司对项目的批复文件（含 ODP、初步设计等批复）。

② 项目前置条件批复文件（项目安评、环评、职业病、能评批复）。

③ 湛江分公司对项目的批复文件（含成立项目组文件、生产准备项目经理任命文件）。

④ 新油（气）田组织机构批复。

⑤ 组织机构批复。

⑥ 生产准备人员任职文件。

（2）项目各类证照

① 安办海油湛江监督处备案　试生产检查《行政执法文书整改指令书》《行政执法文书现场检查记录》《生产设施试生产备案通知书》。

② 投产检查验收　含申请书以及有限公司颁发的试运行许可证。

③ 竣工验收　竣工验收许可证。

（3）专家意见及回复　含与项目有关的所有专家意见。

（4）会议纪要　含与项目有关的总部、湛江分公司、生产部以及生产准备项目组下发的会议纪要。

（5）周月报　生产准备组项目周月报。

（6）备忘录和传真　与生产准备有关的所有备忘录和传真。

（7）合同　与生产准备组有关的所有合同。

（8）项目 C 文件资料清单　含清单及电子版文件。

2.10.2 文昌 9-2/9-3/10-3 气田群生产准备完工总结

2.10.2.1 设备驻厂跟踪总结及出厂测试

针对气田压缩机、发电机、压力容器、中低压开关柜、变频器、泵、流量计等关键设备，向制造厂家派驻生产准备组成员，全程参与设备的施工、调试及验收工作，以项目现场管理五要素（人、机、法、料、环）作为工作指导准则，提升设备施工质量管理水平，减少设备"后遗症"。

根据设备施工内容、标准规范、专业经验和现场实际情况挖掘质量控制风险点，制定"关键设备驻厂跟踪检查明细"，以列表的方式进行现场逐一对照检查，查处一项，整改一项。文昌9-2/9-3/10-3气田××设备驻厂跟踪检查明细（清单）如表2-15所示。

表2-15　文昌9-2/9-3/10-3气田××设备驻厂跟踪检查明细（清单）

设备名称：湿气压缩机撬A			跟踪人：			
序号	所属专业	检查内容	结果	检查日期	负责人签名	备注
1	工艺	PID设计图纸的合理性审查				
2	工艺	施工现场安装的机械阀门安装方向是否正确				
3	工艺	施工现场安装的仪表阀门安装方向是否正确				
4	工艺	工艺管线和阀门的尺寸是否与PID图相符				
5	工艺	工艺管线和阀门的材质是否与PID图相符				
6	工艺	工艺阀门的压力等级是否与PID图相符				
7	工艺	现场安装的各类阀门是否便于今后操作				
8	工艺	现场安装的压力仪表是否便于读数和维护				
9	工艺	现场安装的温度仪表是否便于读数和维护				
10	工艺	现场安装的液位仪表是否便于读数和维护				
11	工艺	现场安装的流量仪表是否便于读数和维护				
12	工艺	现场安装的可燃气、火焰探头位置是否合适				
13	工艺	压力容器、换热器、压缩机等设备铭牌是否拍照				
14	机械	现场管线的焊接工艺和质量是否合格				

续表

设备名称：湿气压缩机撬 A			跟踪人：			
序号	所属专业	检查内容	结果	检查日期	负责人签名	备注
15	机械	管线的质量是否合格：材质、壁厚、合格证书检查等				

设备出厂测试结束后，编写完善设备驻厂跟踪总结及出厂测试总结，总结分为设备介绍、测试程序、遗留问题、学习心得几个板块。通过编写总结做好设备管理基础工作，促进设备完整性管理。在完善驻厂跟踪及出厂测试总结的基础上进一步编写关键设备培训 PPT，在生产准备组内部分享学习，提升成员综合能力。设备成撬和出厂测试期间，驻厂人员共计提出问题和合理化建议 678 项，解决问题 500 项，出厂前整改率 73.7%，剩余问题将在珠海建造阶段整改。编写项目跟踪总结 9 万字，制作培训 PPT 22 篇总计 865 页。跟踪测试学习总结报告示意图如图 2-7 所示。

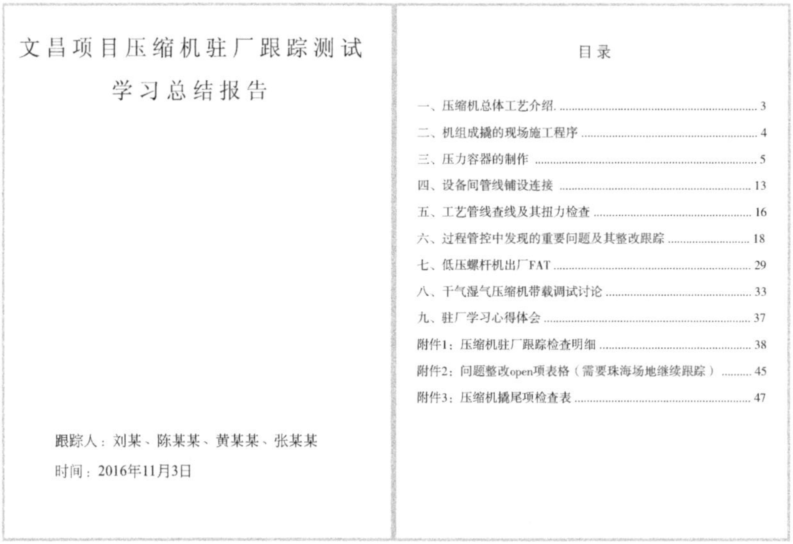
文昌项目压缩机驻厂跟踪测试

学习总结报告

跟踪人：刘某、陈某某、黄某某、张某某

时间：2016年11月3日

目录

一、压缩机总体工艺介绍. 3
二、机组成撬的现场施工程序 4
三、压力容器的制作 5
四、设备间管线铺设连接 13
五、工艺管线查线及其扭力检查 16
六、过程管控中发现的重要问题及其整改跟踪 18
七、低压螺杆机出厂FAT 29
八、干气湿气压缩机带载调试讨论 33
九、驻厂学习心得体会 37
附件1：压缩机驻厂跟踪检查明细 38
附件2：问题整改open项表格（需要珠海场地继续跟踪） 45
附件3：压缩机撬尾项检查表 47

图 2-7　跟踪测试学习总结报告示意图

2.10.2.2　设备调试总结详尽

制定设备调试管理程序，根据设备划分为 54 个调试单元，责任到人，每个单元建立相对应的调试文件夹，文件夹内包括会议纪要、完工文件、调试程序、设备问题记录跟踪表、调试前检查确认表、调试表格、工作清单和参考资料共 8 个子文件，囊括了设备调试过程中涉及的全部资料，做到设备调试过程的标准化，以确保设备调试质量。完成调试设备调试资料收集率 100%，做到有据可查、有表可依，后期人员流动可达到工作无缝对接。

调试负责人根据调试情况，认真记录，编写调试总结，将调试过程中发现的问题、重要的技术难点和需要注明的情况以图文并茂的形式记录在案，形成投产后设备管理的第一手资料。调试总结编写率 100%。设备调试总结示意图如图 2-8 所示。

图 2-8　设备调试总结示意图

2.10.2.3　设备调试遗留问题一跟到底

施工中的质量问题会给后期生产留下重大隐患。特别是一些小问题，在陆地施工阶段改造较为容易，出海之后，改造成本将会数量级倍地增长。因此，明确整改跟踪流程，进而实现问题整改跟踪通道畅通且能形成闭环控制。设备调试遗留问题整改示意图如图 2-9 所示。

2.10.2.4　项目建造跟踪良好实践

生产准备组在项目建造跟踪过程中，以质量为项目管理的出发点，围绕着质量过程、结果控制和以顺利投产为目标的导向来开展工作，在项目陆地建造过程结束后及时总结好的方面和需改进的方面。

（1）战斗体系搭建　为了生产准备工作的全面和高效开展，提高沟通、管理、协调的效率，成立五个独立的工作组，五个组的工作重心如下：

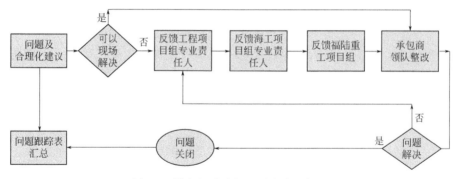

图 2-9　设备调试遗留问题整改示意图

① 工作统筹小组　负责生产准备期间的建造、调试等工作计划的信息收集及计划制定；负责生产准备期间的日常工作安排、协调和提效。

② 创意工作小组　负责生产准备组的管理提升；负责生产准备期间的具有文昌 9-2/9-3 气田特色的工作创新和策划；负责生产准备期间的关键问题的收集、探讨，并提出富有建设性和创造性的解决方案。

③ 综合保障小组　负责团队建设、工会活动的组织、策划和实施；负责工作和生活用品的协调配备；负责工作、出差的来往车辆调度和人员在珠海的住宿安排；负责工作会议的地点安排和人员、时间通知。

④ 培训管理小组　负责生产准备组员工的通用、专业、管理培训的策划、组织和实施。

⑤ 通信宣传小组　负责文昌气田在海油报、分公司主页、新媒体的宣传工作；负责生产准备组的整体形象和团队风貌的呈现工作。

工作小组的管理是基于主操队伍的，管理扁平化，主要优点有：①最了解现场的人去管理现场工作，减少沟通造成的效率损失；②人人都是团队相关负责人，责任明确，工作方向更明确，工作不迷茫；③人员能力得到锻炼；④能够腾出更多的管理精力去查缺补漏。

工作小组制度相当于在生产准备组内部形成"赛马机制"，每个小组都要做出自己的特色，自己的成绩，如此，使得各项工作都能够得到良好的开展。生产准备组工作统筹小组示意图如图 2-10 所示。

（2）现场施工质量跟踪有秘诀　在平台建设阶段，由于施工人员众

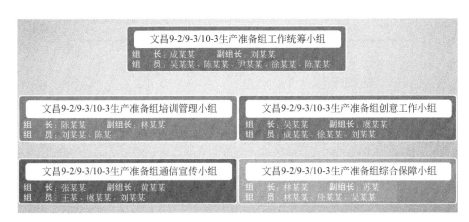

图 2-10　生产准备组工作统筹小组示意图

多、技能水平参差不齐、交叉作业扎堆等原因，会给平台埋下大量的质量隐患和缺陷，所以生产准备组在资源有限和专业受限的条件下如何有效地管控施工质量是一个很大的挑战。

在平台建造跟踪过程中，现场施工工人所犯的错误具有普遍性和重复性，而且生产准备组每位员工对于现场建造质量管控有了更深刻的理解。如何实现标准化施工质量管控，尽量避免因为人员不同导致监控质量的差异化，文昌生产准备组 22 位员工集思广益，精心编撰了一款平台建造质量管理"利器"——《文昌气田现场建造跟踪心法口诀》。

文昌气田现场建造跟踪心法口诀示意图如图 2-11 所示。

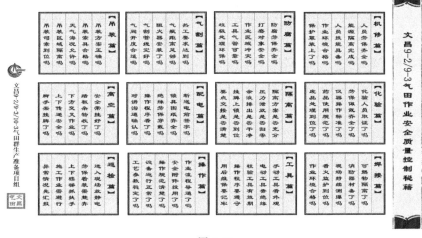

图 2-11

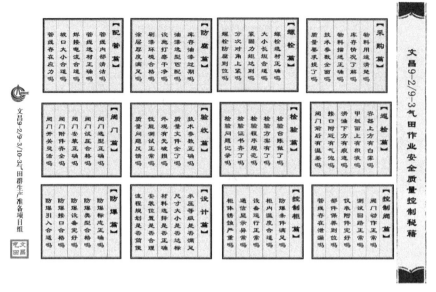

图 2-11　文昌气田现场建造跟踪心法口诀示意图

（3）现场建造跟踪总结到位　总结是查找源头的第一手资料，是人员流动后了解相关知识的重要媒介，项目组人员通过总结记录下现场施工建造跟踪中的重要问题和注意事项，实现资源共享和技术分享。现场建造跟踪总结示意图如图 2-12 所示。

图 2-12　现场建造跟踪总结示意图

第3章
生产准备阶段组织管理良好实践

 党工团建设

3.1.1 党建工作

3.1.1.1 "互联网+"助力党建

文昌 9-2/9-3/10-3 气田群项目前期设备成撬和厂家 FAT 过程中，由于厂家分散，点多面广把控难，给生产准备组的管理和沟通协调造成了很大的困难。基于这种情况，生产准备组创新会议沟通模式，利用 YY 在线语音软件，召开生产准备组日常会议和调试讨论会，仅仅利用手机，就实现了地域化无差异实时讨论，弥补了邮件和电话等通信方式在沟通时效性和全员参与性上的不足。特别是针对重大设备调试、党小组会议等情况，无延迟快速沟通交流，充分发挥团队的力量。

在这段和时间赛跑的日子里，生产准备组员工虽分布在天津、上海、广州、惠州等各地厂家，YY 会议模式却把大家团聚在"一张桌子"上共同沟通讨论。截至 2017 年 11 月中旬厂家 FAT 陆续结束，生产准备组共利用 YY 语音软件召开周会和党小组会议 10 次，小范围设备调试讨论会 8 次，有效地保证了生产准备组管理工作的开展和设备调试的顺利进行。YY 会议模式示意图如图 3-1 所示。

图 3-1　YY 会议模式示意图

3.1.1.2　联合党小组，信息共享

与涠洲 12-2 油田二期生产准备组在中海福陆重工珠海场地组建临时党小组。以"项目在哪，党的旗帜飘扬在哪"为原则，扎实推进"两学一做"学习教育，在平台建造、设备采办、物料订购等方面，利用组织生活机会，进行沟通，互通有无，互相借鉴，避免同样的问题在不同项目中再次出现；建立了安全、质量联合周检等工作机制，制定了每天巡检汇报制度，以紧抓纪律促生产，有效保障了项目顺利推进。联合党小组如图 3-2 所示。

图 3-2

图 3-2　联合党小组

海上钻井阶段，生产准备组积极与钻井项目组沟通，共同组建了"生产钻井联合党小组"，共同开展党组织生活，开展多次"党建促生产""党建保安全"相关会议，共同深入学习了党的十九大工作报告。统一思想，为钻完井工作的顺利进行献言献策，保障了钻井时效。

3.1.1.3　党组织亮责任，党员亮身份

生产准备组有 20 名成员，其中党员 15 名，占比 75%。党组织为了充分发挥生产准备组的党组织优势，发挥党组织战斗堡垒作用和党员先锋模范作用，推进"两学一做"学习教育，并针对生产准备组临时组建和工作分散的特点，使党员在生产准备过程中能够以点带面、扎实有效地完成气田投产工作，生产准备阶段积极开展生产准备组系列党建活动，如：党小组网络微课堂、"三会一课"语音在线、"双亮"行动、党员提质增效、廉洁从业、拒踩红线等活动。党员亮身份如图 3-3 所示。

图 3-3

图 3-3　党员亮身份

3.1.1.4　党员突击队，冲锋在一线

动力班组党员突击队四名队员克服难题、加班加点、冲锋在前，连续奋战 100 多个日夜，实现透平点火成功。生产班组党员突击队踏着夜色，雨夜加班巡检，检查设备包扎情况，保障设备调试顺利。党员突击队如图 3-4 所示。

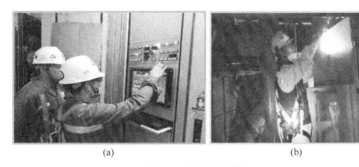

(a)　　　　　　　　　　　(b)

图 3-4　党员突击队

3.1.1.5　党小组"错峰查线"，工作中践行"两学一做"

文昌 9-2/9-3/10-3 气田群压缩机项目期间，生产准备组 4 人组成的"临时党小组"在天津临港海工建造场地实施"错峰查线"模式，有效解决了质量节点监控和工艺流程核校在时间、空间上的矛盾问题，大幅提升了施工质量和工作效率。

文昌9-2/9-3/10-3气田群压缩机项目工期短、工作强度大，同时，场地有多个施工队伍、5个压缩机撬块同时施工，点多面广，加上生产准备组的人数少，给生产准备组的施工质量把控工作带来了极大挑战。为解决这一难题，生产准备组"临时党小组"充分发挥党员的先锋模范作用，集思广益，提出并实施了"错峰查线"模式。"错峰查线"模式就是正常工作时间在各作业点监控施工人员的工作程序和质量，重点在人；晚上6点到8点，待工人下班后，由党员带头组成两个查线小组，轮流加班对撬块整体工艺流程进行核查，重点在物。该模式实施后，既保证了设备的施工全程跟踪无死角，又解决了工作时间内由于现场作业造成的查线不便，施工质量监控和撬块质量控制实现双管齐下。

项目施工建造过程中难免会出现各种问题，如果不能及时发现整改，很可能给后期安全生产埋下隐患。特别是一些小问题，在陆地施工阶段纠错较为容易，一旦出海，受到人员、床位、机具和空间的限制，改造成本将会数量级倍地增长。因此，如何抓住陆地施工的宝贵时间，尽可能地扫除问题和隐患，是涉及平台投产后成本控制最关键的一环，也是生产准备组"临时党小组"项目管理工作的重中之重。截至目前，生产准备组已与施工方沟通反馈问题49项，整改完成率80%，剩余问题整改工作将在出海前全部完成。

生产部党支部根据生产准备组员工工作地点变化频繁的具体情况，在珠海、青岛等建造现场成立了多个形式灵活多样的"临时党小组"，在实际工作中践行"两学一做"，为公司发展提质增效。

3.1.1.6 党员领办，保障调试

文昌9-2/9-3/10-3气田群"国产化"设备高达27项，其中关键设备16项，以天然气压缩机、水下阀门国产化为代表，如何控制国产化设备的质量是摆在生产准备组面前的一个难题。经过多次讨论，生产准备组决定发挥党员的先锋模范作用和技能优势，开展党员领办工作，即由一线党员根据自身技能优势领办关键设备的驻厂跟踪、现场安装及后期调试工作。全平台共计56个系统，每个系统有专人领办。作业前参

考《新油（气）田投产验收标准》《海工调试表格》《海工设备调试程序》《出厂问题跟踪表》，编写《设备调试前检查确认表》，严格测试设备各项功能。共收集调试遗留问题617项，问题整改率超90%。编写调试总结共计37篇，为以后设备维保及后续项目组的调试工作提供了较好的经验。党员领办示意图如图3-5所示。

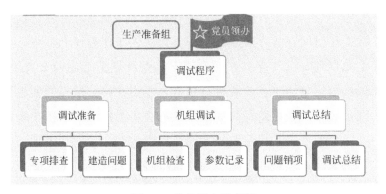

图 3-5　党员领办示意图

3.1.1.7　学习十九大会议精神，开展党建经验交流

　　文昌9-2/9-3/10-3气田群生产准备组党小组组织全体党员观看十九大开幕会，聆听学习习近平总书记代表十八届中央委员会所作的报告，并开展专题党课学习十九大会议精神，围绕习近平总书记重要讲话开展学习心得讨论，结合海上平台生产进行讨论交流，引领全体党员不忘初心，牢记使命，树立新目标，开启新征程，确保将十九大精神落到实处。开展党课经典学习，组织集中学习《习近平的七年知青岁月》，通过学习讨论，引领青年人扎根劳动一线，保持艰苦奋斗的工作作风和永不磨灭的学习热情。学习十九大会议精神如图3-6所示。

图 3-6

图 3-6　学习十九大会议精神

　　文昌 9-2/9-3/10-3 气田群生产准备组党小组在珠海开展党建经验交流会，生产部与文昌油田群作业公司党员结合文昌 9-2/9-3/10-3 气田群项目党建经验进行深入交流和相互学习。参会党员热烈讨论，结合党建管理对生产部和文昌油田群作业公司的优秀经验和做法进行深入沟通，交流如何将这些优秀经验系统性地固化下来，即使人员流动、工作地点变化，只要党的组织在，工作开展就不会间断。党建经验交流会如图 3-7 所示。

图 3-7　党建经验交流会

3.1.1.8 开展"我心中的石油精神"主题演讲

"石油精神"蕴含的时代内涵凝聚了新时期干事创业的精神力量。一面旗帜、一个标杆，学之愈深，知之愈明，行之愈笃。开展"我心中的石油精神"主题演讲、石油精神主题宣誓、石油精神观影、大讨论、视频制作和征文活动，大力弘扬以"苦干实干""三老四严"为核心的"石油精神"，激发责任意识和创业激情，打造平台的"石油精神"文化氛围。"我心中的石油精神"主题演讲如图3-8所示。

图3-8 "我心中的石油精神"主题演讲

3.1.2 工会工作

3.1.2.1 实践活动一：运动友谊赛

文昌9-2/9-3/10-3气田群生产准备组定期开展各项运动友谊赛，邀请各项目组同事（包括工程项目组、钻完井项目组、海工项目组和施工方等）进行友谊比赛，锻炼身体，增进友谊，提高团队意识。有效拉近各项目组同事之间的距离，以运动会友，交流经验心得，为共同圆满完成平台建造工作助力。运动友谊赛如图3-9所示。

图 3-9　运动友谊赛

3.1.2.2　实践活动二:徒步郊游

徒步过程中,生产准备组有跑步、徒步经验的员工向大家详细讲解并亲身示范了如何才能健康、科学地跑步、徒步,并能做到强身健体,不伤筋骨。劳逸结合、张弛有度才能更好地凝聚员工士气、提高工作效率。徒步郊游如图 3-10 所示。

图 3-10　徒步郊游

3.1.2.3　实践活动三:三八节关爱家属活动

生产准备项目组工会组织所有员工为家属网购一束鲜花,送去来自千里之外的节日祝福,感恩她们承担起家庭的琐碎与艰辛,用家的守护给海油人创造了一个安稳的工作环境。一束鲜花,千里传情,带去了远离家乡的父亲、丈夫和儿子们浓浓的思念和感恩之情,也带回了父母妻儿深深的爱和支持。

3.1.2.4 实践活动四:"以劳动的名义"专项隐患排查

生产准备组借五一劳动节期间平台重量转移工作时间窗,由工会组织开展专项隐患排查活动,排除安全质量隐患,助力平台顺利装船出海。此次专项隐患排查工作共持续三天,生产准备组对平台建造作业和51项设备调试工作按照专业划分逐区域、逐项排查隐患。建造和调试过程中的细节共性问题是排查的专项重点,焊缝质量不合格、管卡安装及防腐不到位、接地线不符合要求和生活设施未完善等容易忽视的问题被详细记录。专项隐患排查如图3-11所示。

图 3-11 专项隐患排查

3.1.3 团组织工作

3.1.3.1 实践活动一:学雷锋活动

生产准备组青年先锋队学习雷锋精神,到珠海文楼山公园捡拾垃圾、清理废弃物,用行动传播公益环保理念,让雷锋精神和低碳环保在公园里刮起"蔚蓝之风"。时代在变,精神未泯。雷锋精神之所以能被一代代传承下来,原因在于无论我们处在哪个时代,都能从雷锋精神中找到价值。在这个思想多元、价值多样的社会转型期,需要像雷锋精神这样的"正能量"去发挥凝聚作用。一次简单的低碳环保活动很简单,但这些点滴身边事犹如船桨,影响着身边的每个人,合力推动保护环境这艘大船前行。学雷锋活动如图 3-12 所示。

图 3-12　学雷锋活动

3.1.3.2　实践活动二：红色爱国教育

生产准备组开展"勿忘'九一八'"主题活动，通过回顾历史和升国旗仪式，警示全体员工铭记历史、勿忘国耻、扎实工作、奋发图强，不让历史的悲剧重演。全体员工在平台飞机甲板举行升国旗仪式，国歌庄严肃穆，历史的声音始终响亮，激发一线员工自强不息、奋发有为的责任和勇气。红色爱国教育如图 3-13 所示。

图 3-13

图 3-13　红色爱国教育

3.1.3.3　实践活动三:技能提升活动

通过语言实战游戏和时间管理书籍的推荐导读,提升员工综合素质。技能提升活动如图 3-14 所示。

(a)

图 3-14

(b)

图 3-14　技能提升活动

3.1.3.4　实践活动四:庆祝海油成立 35 周年活动

生产准备组团支部在珠海建造场地以交流座谈会、拍摄视频等形式庆祝中国海油成立 35 周年,以此纪念海油人一直不忘初心为建成中国特色国际能源公司奋勇向前;同时激励该气田群全体员工发扬石油精神,严守工程质量,保证气田安全、顺利投产。全体员工在平台下拍摄视频留念,让中国海油 35 岁生日成为每个人难忘的记忆。庆祝海油成立 35 周年活动如图 3-15 所示。

(a)

图 3-15

(b)

图 3-15　庆祝海油成立 35 周年活动

培训管理

3.2.1　编写生产准备组培训小组管理规定

3.2.1.1　原则

为打造最优秀的学习型员工团队，增强核心竞争力，适应公司对各类人才的需求，提高全员整体素质与工作能力，改善工作方法，提高工作效率，实现以培促学、以培促讲、学以致用，实现团队和个人的双赢，本着快乐学习、自愿分享、共同进步的原则。

（1）全员性　培训的目的在于提高全体员工的综合素质与工作能力，所有人员都应充分认识培训工作的重要性，全员都要积极参加培训，不断学习进步。

（2）针对性　培训要有目的，针对实际培训需求进行。

（3）计划性　培训工作要根据培训需求制定培训计划，并按计划严格执行。

（4）全面性　培训内容上把基础培训、素质培训、技能培训结合起来，培训方式上把讲授、讨论、参观、观摩、实操等多种方式综合运用。

（5）跟踪性　培训结束后要对培训内容进行考核，考核要有结果与奖惩，要定期、及时检验、评估培训效果。

3.2.1.2　培训目的

① 提升团队成员演讲能力，促进成员之间交流。

② 指导服务现场工作开展，夯实团队综合素质。

③ 执行气田培训管理工作，确保投产前后有效衔接。

3.2.1.3　培训小组职责

① 制作气田培训用 PPT 模板和表格等。

② 收集成员需要的培训内容和可以分享的内容。

③ 制定培训计划并组织培训工作的开展。

④ 协调准备培训需要的各项资源。

⑤ 收集并将授课材料整理归档。

3.2.1.4　培训内容

（1）专业知识培训　进行大课培训时要求语言通俗易懂，内容适中，尽量将专业知识转换为非专业人士能理解的词汇。

（2）人文社科类培训　需要提前将准备的材料发给培训小组归档并发给成员让其熟悉内容。

（3）小范围授课　形式不限，场所不限，时间不限，包括 FAT 技术交底、现场设备结构原理讲解、安装规范和操作规程探讨等，现场授课完成提交电子版资料给培训小组进行记录存档。

3.2.1.5　培训开展流程

① 每周二上午发布下周培训计划，以便提前熟悉内容、准备资料。

② 进行大课培训时，需要提前两天将 PPT 提交监督审核把关，总监批准；培训之前进行试讲，培训管理小组成员组织人员参加，试讲通

过后授课人将 PPT 提前一天发给大家，让大家熟悉授课内容。

③ 培训时间计划正常为一小时。为保证授课效果现场会采取一些方式要求：课前先由一名成员为授课内容做简介，再由授课人正式开讲，授课完成后成员进行点评并对授课内容进行概括总结。

④ 开展除大课外的培训请提前通知培训管理小组，以便培训管理小组记录制表，并通知总监、监督参加。

⑤ 为保证大家充分理解培训内容，现场确定一名成员培训结束两天内提交学习总结给培训管理小组存档。

3.2.1.6 培训时间与地点

① 大课培训周三 13：50 在办公楼进行或周日 17：00 在会议室进行（具体根据现场作业实际情况而定）。

② 如果规定参加的培训与重要设备调试时间上有冲突，可以不用参加培训，但是需要自行学习培训 PPT 并提交学习总结，其余人员无特殊情况均需参加，如需要请假则需要告诉培训小组成员并征得领导同意。

3.2.1.7 培训激励

① 按照培训时间申请课时补贴。

② 培训人数超过六人均可以申请课时补贴，需要提交培训 PPT 和学习总结。

③ 每月进行一次培训优秀讲师评比，采用积分制。

④ 年终进行年度最佳讲师评选。

3.2.2 借助外力进行安全法规培训

文昌 9-2/9-3/10-3 气田群项目平台海上安装工作期间，海上施工阶段涉及施工队伍多、人员结构复杂，且多为交叉作业和联合作业，安全风险高，管控难度大。为保障海上施工作业安全平稳进行，生产准备组特邀请原国家安全生产监督管理总局海洋石油作业安全办公室海油分部湛江监督处（下称湛江监督处）负责人就海洋石油安全法规进行培训、解读和宣贯。通过深入学习安全生产法律法规，员工加深理解和掌握，提高海上安全生产作业水平。

湛江监督处负责人首先从保障安全生产的五个运行机制、企业主体责任落实制度以及企业安全生产三大保障体系对安全生产法规进行总体介绍解读。生产准备组结合以往工作经验，提前收集和准备法律法规相关问题，湛江监督处负责人对问题和疑惑逐项进行解答，并深入剖析了历年来的重大事故案例，总结其中的经验教训。前事不忘，后事之师，生产准备组员工纷纷表示要严守安全红线，提高安全法治意识，强化气田开发各阶段安全生产普法宣传，并充分利用新媒体优势，持续开展安全专题宣传。

3.2.3 深入压缩机技术应用学习培训

往复式天然气压缩机具有高集成度、高可靠性和高安全性特征，要求操作维保人员必须熟练掌握压缩机运行维保专业知识。以往的压缩机技术交流和专业培训一直依赖国外厂家，费用和成本较高。特种设备公司和联合项目组以文昌项目国产化压缩机成橇、调试和运行维保情况为基础，进行技术交流讨论，并在压缩机科研培训中心完成了中海油首次压缩机技术应用自主培训。

为确保交流活动高效和有针对性，联合项目组提前制定交流方案，对设备组装、调试和运行维保中遇到的问题和解决方案进行了记录总结，针对国产化压缩机海上应用收集了大量合理化建议，并根据员工培训需求提出了详尽的培训计划。交流会上，联合项目组对压缩机运行过程中出现的各种情况以数据为依托进行了详细的讲解，特种设备公司设计和调试人员认真记录，并进行了现场分析和优化讨论，避免后续同类型设备出现相同问题，助力国产化设备改进和技术提升。交流会结束，特种设备公司设计部经理对压缩机撬内电仪控制设计、压缩机维护保养和常见故障排除进行了详细的理论知识讲解，联合项目组根据培训计划，在培训压缩机上逐项进行维保检修实践操作，多项高风险和高难度的海上检修作业实现模拟演练，并得到专业技术人员分析指点。

3.2.4 以培促学的私人订制培训

如何让新报到的中初级员工在短时间内快速熟悉工艺流程和设备，掌握投产前必备的知识和技能，着实成为气田培训工作的重大挑战。为此生产准备组紧紧围绕以"安全顺利投产"的目标为导向，根据各班组投产前需要完成的计划内工作以及可能的计划外工作，结合中初级员工实际情况，在"需要学什么"和"想要学什么"之间寻找平衡点，针对每一位中初级员工量身定制出一份《投产前学习及实操任务清单》，清单内容以实操为主、理论为辅，每周进行一次总结和检验，学习成效的考核是以培训输出为导向，倒逼学习输入，做到以培促学。根据任务清单，气田在投产前总计完成 40 余次学培结合的全员培训。这种私人订制式的任务清单和将考核搬到现场的培训输出，可以让员工非常清楚自己的目标任务和努力方向，员工需要做的就是抓紧时间完成任务清单上的内容，为气田的安全顺利投产打下基础、做好准备。

3.3 人员管理

3.3.1 项目阶段五个工作小组

在项目陆地建造阶段，为了更好统筹管理生产准备组人员，充分体现价值观担当，如何尽快形成战斗力，如何将现场跟踪作业全面覆盖，如何让生产准备组运转更加高效，如何实现 $1+1>2$？

文昌 9-2/9-3/10-3 气田群生产准备项目组摸索出了一套战斗体系——工作小组制。

工作小组的管理是基于主操队伍的，管理扁平化。相关小组组成以及好处可参考 2.10.2.4 节内容。

3.3.2　伙伴价值考核

只要你的行为或思想具有建设性，能够为他人带来启示、反思、提升和帮助等正面影响力、具有正面示范效应，你就是别人的价值伙伴。生产准备组每月开展一次"价值伙伴"评选活动，采取十分制无记名评分的方式，员工之间相互评分，然后将一位员工的分数进行累加，最终的分数即作为该员工价值伙伴指数，取价值伙伴指数最高的三位员工，授予他们本期生产准备组的最佳"价值伙伴"称号，并颁发生产准备组精心制作的荣誉证书，以示鼓励。被评选出的最佳"价值伙伴"称号和他们的实际工作表现确实具有极高的吻合度，可以说是实至名归，他们就是团队成员心目中的学习榜样、工作楷模，对他人帮助最大、对团队贡献最多。

此种伙伴价值的评价机制既是一种正向激励，每位员工必须野蛮成长、主动付出，争做建设者、经营者，在个人成长的同时，为他人带来价值；同样也是一种良性竞争，付出少了就像逆水行舟，必然就会落后，倒逼人家要争相为他人和团队创造价值、提供差异化服务、传递正能量。伙伴价值评选活动经过了近半年的试行，生产准备组所有员工慢慢地养成了"燃烧自己、照亮他人"的服务意识，有力提升了员工之间的凝聚力，促进了"众人拾柴火焰高"团队战斗力，生产准备组也初步形成了以"担当、务实、精准、协作"为核心的团队文化。

3.3.3　绩效考核评定方法

绩效管理作为一种工具，在实现组织目标、提升组织绩效方面扮演着举足轻重的作用，在各企业和组织中具有非常广泛的应用。而绩效考核作为绩效管理中最为重要的一环，往往实施起来有不少的挑战，面临着考核结果的客观性和公正性如何保证、考核过程的沟通是否有效等一系列问题。

以往的绩效考核均采取岗位垂直考核的方式，即员工的绩效考核由其直属上级来实施，通过绩效指标完成情况、绩效沟通和辅导，最终确定绩效分值。但是直属上级在考核时如何剔除对下属的感性因素和个人的主观因素，以及在下属员工数量多的情况下，直属上级如何能够获取每位被考核员工最全面、最真实的信息，例如工作态度、责任心、团队意识等，这些问题如果没有被有效解决，将会直接影响绩效考核的客观性和公正性。

文昌 9-2/9-3/10-3 气田群生产准备组在绩效考核方面借鉴了市场经济中商品的价格决定原理，引入了全方位的考核机制。我们都知道，商品的价格是由商品的自身价值和生产者、消费者的供求关系来确定的，市场作为一只看不见的手，由于其公开性和竞争性，最终任何一种商品都会被赋予一个公道的价格，价格也许在短时间内会偏离价值，但始终会回归价值，这个公道的价格代表了商品的真正价值。在市场上，物美价廉的商品肯定是消费者的最爱，价格虚高、品质低下的商品自然没有多少市场，甚至没有立足之地。在企业中，一位员工对于企业或团队的贡献，就是该员工提供的服务价值，那么其服务价值如何定价呢？这取决于相对固定岗位的工资和浮动的绩效奖金，绩效奖金就是绩效考核需要解决的问题，绩效分数从某种程度上体现了员工的服务价格。

生产准备组对于员工的考核包括定量和定性指标两个部分。定量指标是年度工作指标的落实和完成情况，以结果为导向；定性指标是采用伙伴价值指数来评定，以员工对他人和团队的付出和影响为导向。当一位员工对于团队的其他所有员工都有帮助、有促进、有正面示范效应时，那么该员工对于他人、生产准备组和公司是有额外附加值的，他理所当然会受到大家的拥护以及公司的认可，他的伙伴价值指数会比较高。在具体实施上，每位员工都要以生产准备组的核心价值观——担当、务实、精准、协作为标尺，对他人进行十分制无记名价值伙伴评分，一个月一次，然后将每一位员工的分数进行累加，最终的分数即作为该员工的价值伙伴指数，然后该指数按照一定比例转化为绩效分数。

此种全方位的考核方式既兼顾了组织目标细分至个人指标的考量，同时也让每位员工走上生产准备组团队这个"市场"的"价值天平"，并给出一个公平、客观的"价格"——绩效分数。生产准备组定性和定量的全方位考核方式，在实现组织目标的前提下，既促进了员工的成长，同时也让团队绩效的这块"蛋糕"越做越大，收到了 1＋1＞2 的良好效果。

绩效考核分数由班组年度工作计划、个人年度工作计划、伙伴价值成绩和自选加分项四部分组成，总分 T_1 为 110 分，$T_1 = S_1 + S_2 + S_3 + S_4$，其中，$S_1$ 为班组年度工作计划完成情况得分，权重 40 分；S_2 为个人年度工作计划完成情况得分，权重 30 分；S_3 为个人年度伙伴价值平均分，权重 30 分；S_4 为个人主动承担的、有挑战的、有助于班组/气田整体绩效、攻坚克难的工作任务最终得分，权重 10 分。

班组年度工作计划考核人：气田总监、专业监督。

个人年度工作计划考核人：专业监督、专业主操。

3.3.4 多举措管控工作质量

（1）激励先进，树立榜样　评优项包括熊猫伙伴/金鹰党员/质量雄狮/创意灵龙/战狼工作组。评优条件如下：

① 主动担当，积极配合，协助临时党小组和其他工作小组开展工作。

② 为党小组工作献计献策，推动临时党小组工作管理提升。

③ 积极主动发现、跟踪和解决问题。

评优活动示意图如图 3-16 所示。

图 3-16　评优活动示意图

（2）管理创新，激活团队成员智慧　生产准备组以管理创新为突破口，激活团队每个成员的智慧，不断为项目质量管控和提质增效提供源动力。

为了方便现场管理，工作组找准了现场作业重点，制作了现场跟踪协调图，实现了可视化管理。创新会议模式，在班车上进行早班会，实现入场即开工的目的。

建造过程中集中集体智慧编写了十二项建造调试常见作业跟踪心法口诀，可以实现跨专业进行跟踪建造质量。

管理创新示意图如图 3-17 所示。

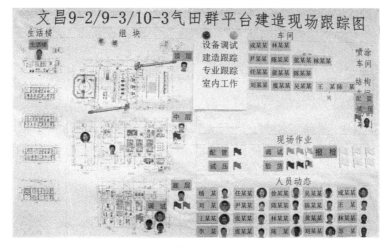

图 3-17　管理创新示意图

　取证管理

3.4.1　取证管理的范围

文昌 9-2/9-3/10-3 气田群生产准备组成员来自有限湛江分公司 4 个作业公司、12 个油（气）田装置，2016 年 9 月开始陆续报到就位，2016 年 11 月第一批 20 人齐聚海工珠海福陆建造场地。珠海场地执行福陆公司安全管理标准，实行严格的场地进出和组块上下管理制度。除

了生产准备组人员，还包括车辆及司机、分公司领导等参观人员、湛江分公司其他装置学习人员、生产准备组有关工程人员等。期限有长期卡和短期卡区分、有就餐与否等区别。还有特殊作业取证等不一而足。

3.4.2　生产准备组固定人员

生产准备组固定人员需要办理门禁卡，并提供相关照片。门禁卡示例如表 3-1 所示。

表 3-1　门禁卡示例

贸易合规 Trade Regulation 来访者合规审查申请表 Visitor Screen Request Form						Rev.1
日期 Date：			申请人 Requester's Name：		杨涛/Yang Tao	
是否美国政府合同？是/不是；不是 Is this for a U. S. Government contract？Yes or No；No			项目名称 Project Name：		文昌 9-2/9-3/10-3 气田群生产准备组 Wenchang 9-2/9-3/10-3 Gas Fields Production Preparation Program	
成本代号 Charge Code：			结果收件人 Send Results to：			
来访者 Visitor				公司/政府机构/其他 Company/Government Agency/Others		
序号 Item No.	姓名 Visitor Name	国籍 Nationality	生日 Birthday (day/month)	名称 Name	地址,城市,省,邮编 Address,City,State,Zip	所在国家 Country
示例	杨涛 Yang Tao	中国 China	××××	中海石油(中国)有限公司湛江分公司 CNOOC China Ltd.-Zhanjiang	中国广东省湛江市坡头区 22 号信箱,524057P.O.Box 22, Potou, Zhanjiang, Guangdong, P.R.China,524057	中国 China
1	王文俊 Wang Wenjun	中国 China	××××	中海石油(中国)有限公司湛江分公司 CNOOC China Ltd.-Zhanjiang	中国广东省湛江市坡头区 22 号信箱,524057P.O.Box 22, Potou, Zhanjiang, Guangdong, P.R.China,524057	中国 China
2	童远涛 Tong Yuantao	中国 China	××××	中海石油(中国)有限公司湛江分公司 CNOOC China Ltd.-Zhanjiang	中国广东省湛江市坡头区 22 号信箱,524057P.O.Box 22, Potou, Zhanjiang, Guangdong, P.R.China,524057	中国 China
3	黄金勇 Huang Jinyong	中国 China	××××	中海石油(中国)有限公司湛江分公司 CNOOC China Ltd. -Zhanjiang	中国广东省湛江市坡头区 22 号信箱,524057P.O.Box 22, Potou, Zhanjiang, Guangdong, P.R.China,524057	中国 China
4	常胜 Chang Sheng	中国 China	××××	中海石油(中国)有限公司湛江分公司 CNOOC China Ltd.-Zhanjiang	中国广东省湛江市坡头区 22 号信箱,524057P.O.Box 22, Potou, Zhanjiang, Guangdong, P.R.China,524057	中国 China
5	陈土超 Chen Tuchao	中国 China	××××	中海石油(中国)有限公司湛江分公司 CNOOC China Ltd.-Zhanjiang	中国广东省湛江市坡头区 22 号信箱,524057P.O.Box 22, Potou, Zhanjiang, Guangdong, P.R.China,524057	中国 China

进入场地后，如果要上下组块，需要培训合格后在安全帽上张贴标签，类似的还有电气作业培训、受限空间、高处作业等特殊作业。安全

帽标签示意图如图 3-18 所示。

图 3-18　安全帽标签示意图

此外，生产准备组人员还要按照分公司海上作业人员取证要求进行取证管理，标准是海上在岗人员相关岗位取证要求。特别是要保证健康证和"五小证"在有效期内，根据分公司每月发布的培训计划，不定期组织人员回湛江参加相关取证培训。

3.4.3　投产取证管理

取证要求，基础取证根据作业公司取证培训管理要求进行，部分未完全规定的取证要求，适当增加，具体要求如下：

① 考虑到可能会存在硫化氢，要求全员硫化氢取证。

② 总监、监督取艇长证。

③ 中级及主操取油气消防证。

④ 适当增加接机员取证。

⑤ 操作部门化验员证，人员换班调整，至少保证每班有一人有证且熟悉化验操作工作。

⑥ 对证件缺失且湛江开班较少的情况，通过天津培训中心报名取证。

⑦ 培训完毕，及时跟制证中心联系，在系统中进行更新。

⑧ 系统中的统计情况根据岗位变化及取证要求进行更新。

⑨ 每周统计汇总取证情况，在周报中体现。

3.5　文化建设

3.5.1　文化建设的意义

团队文化是指团队成员在相互合作的过程中，为实现各自的人生价值，并为完成团队共同目标而形成的一种潜意识文化。它包含价值观、最高目标、行为准则、管理制度、道德风尚等内容。它以全体成员为工作对象，通过宣传、教育、培训和文化娱乐等方式，最大限度地统一员工意志，规范员工行为，是在充分尊重个体的前提下所有成员价值取向的最大公约数，目的是凝聚员工力量，为团队总目标服务。因此团队文化建设对于一个团队具有重要意义。

由于文昌项目是南海西部首个 EPCI（E，engineering，设计；P，procurement，采办；C，construction，施工、建造；I，installation，安装）总包项目，工期短、任务重，如何营造优秀的团队文化让相互不熟悉的生产准备人员能够在尽量短的时间内相互了解、增进认识、形成合力、共同建设精品项目，是生产准备组团队建设必须要破解的第一道难题。

3.5.2　团队文化的形成

（1）明确工作目标和角色定位　生产准备组作为平台的最终使用者，在未来很长一段时间都会在上面工作，他们所关心的重点是平台能否顺利投产，平台设备能否长期稳定运行，因此他们更关心的是质量，所有生产准备组的工作都是围绕着质量过程控制和以顺利投产为目标导向来开展的，他们是平台项目质量的守护者。他们从设备的出厂质量、施工质量到设备调试质量全方位把控平台的施工质量，确保平台顺利投产。

（2）建章立制　项目组成立后，团队成员来自不同的装置，每个人的工作经验、工作能力、工作方式都不一样，怎样才能充分发挥每个成员的作用，实现 1＋1＞2 的"蚁团效应"呢？这就需要我们建立完善的规章制度来保证各项工作高效率、高质量地开展。因此在生产准备组成立后，首先针对不同的阶段及人员配置，制定了多项针对性强的规章制度，如《跟踪现场班前班后会制度》《建造场地工作组制度》《建造场地劳动纪律》《设备驻厂跟踪工作方法及要求》《建造场地问题汇报及跟踪整改制度》《生产准备组交叉培训制度》等，以此来约束每一个团队成员，同时让他们知道该做什么，怎么做，从而保障工作有效开展。

在工作中，采用标准化管理模式，制定统一的标准，例如：标准的周报、日报模式，问题反馈模板，调试总结模板，标准的操作规程模板，调试管理程序以及问题管理程序，形成了标准化的作业程序与指导文件，大大地提高了工作效率，同时也保证了工作的质量。

（3）确定核心价值观　如果把团队文化比作达成团队目标的一剂良药，那么核心价值观就是团队文化的精华，即药方。经过"望闻问切"和诊断求证，文昌 9-2/9-3/10-3 气田群生产准备组团队文化开出"担当、协作、务实、精准"的"药方"，提出"靠谱，讲究，秀肌肉"的战斗口号。其中担当、协作在员工为人方面指明方向，务实、精准在员工做事方面提出要求，这个"药方"其实就是要"治愈"绝大多数人在为人和做事方面的"顽疾"。

核心价值观中的担当则意味着敢于担责、敢于挑大梁，乐于为团队大局服务，这当然也是管理者必备的素质；协作则代表能够推己及人，积极地协助、支持和满足他人的工作需要，将为他人创造价值、使团队利益最大化作为自己的为人准则。从海油一线海上平台十多年的工作经历来看，担当和协作一直是员工、团队的"软肋"和痛点，没有担当和协作，这个团队是自私的、冷漠的、貌合神离的，犹如散沙，经不起风霜，经不起检阅。

务实代表做事的原则，我们都知道知易行难，我们也深谙"纸上得来终觉浅，绝知此事要躬行"。习总书记在领导干部作风建设的重要讲话中，提出了"三严三实"的要求，所以无论从国家、企业、团队还是个人层面，虚、不实是通病，务实就是治愈虚病的"药方"；而精准则意味着敬业的精神，做事情要精益思维、力求精准、追求极致，做到不可替代，而现实远非如此，差不多、基本上、可能、大概、我认为、也许……，这些文字经常出现在耳边，充斥于各种工作沟通场合，这说明绝大多数人做事浮于表面、不够究竟，没有精准和死磕的精神，所以务实和精准是用于根除绝大多数人在做事方面存在的弊病。

3.5.3 团队文化建设

（1）"价值伙伴"助力团队文化建设　一个经济学原理给出了参考答案：贸易使每个人变得更好，因为每个人的比较优势不同，而通过贸易获取自己不是最擅长的东西或服务，能够使得自己获得最大的受益，这其中贸易的对象是商品或服务，而当我们把贸易对象延伸到知识、经验和理念等无形的"商品"时，而其实原商品市场就演变为思想自由交易的"市场"，每个人在这个市场上都可以通过相互沟通获益，无论是专业知识、工作方法，还是管理经验等，所以促进建设性的沟通和互动也就成了生产准备组的第一要务。由于生产准备组每个人的优势不一，每位员工的思想和行为都可以为他人创造"价值"增长点，所以生产准备组倡议每个人贡献出自己的"星星之火"，以助燃生产准备组整体的"燎原之势"，生产准备组以"价值伙伴"评选活动为载体，让集体智慧的火种越烧越大、越来越旺。

（2）绩效考核激励团队文化建设　准备组通过绩效考核，将能否把团队的核心价值观内化于心、外化于行和员工的切身利益画上了等号，即员工绩效考核将团队文化和员工利益实现了对接。我们都知道绩效考核事关员工的晋升和发展，企业设置的考核指标就是员工做事的风向标，所以我们将绩效指标设定直指团队核心价值观。准备组为员工设置的绩效指标有两个——年度工作目标/计划完成情况、伙伴价值评价指数，两者分别占70％和30％。前者重点考核做事，如果没有务实、精准的精神，很难达成年度工作目标；而后者重点考核做人，如果不够担当和协作，不可能为同事和团队创造额外价值，伙伴价值评价指数会走低，进而拉低绩效分，监督和专业主操伙伴价值评价指数的分值如果无法进入气田群固定员工的前10名，将不予考虑被评为气田群年度优秀绩效员工。所以这种和员工切身利益相关的绩效考核，会时刻提醒和倒逼员工要践行团队的"担当、协作、务实、精准"八字核心价值观，而非停留在嘴边。

相关考核方式详见本章 3.3.3 节内容。

（3）"评优争先"践行团队文化建设　为激发团队工作热情，生产准备组定期开展"评优争先"活动，对表现优秀的工作小组或个人颁发荣誉证书以示鼓励。通过"评优争先"活动有效地调动员工的工作热情，提升工作效率，使团队文化在日常工作中得以践行。

① 战狼工作小组

a. 评选方法　根据评选周期内各小组工作业绩确定。

b. 评选周期　每两周一次，每次选一个组。

c. 评选条件　小组工作开展条理清楚，有计划，有实施，有反馈；能有效解决问题，带动他人、影响他人、帮助他人；主动担当，积极配合，协助临时党小组和其他工作小组开展工作。

② 熊猫伙伴

a. 评选方法　全体投票，票高者得。

b. 评选周期　每周一次，每次选 1～3 人。

c. 评选条件　担当、务实、精准、协作核心价值观的践行者，能够为团队和他人带来高附加值的人，是团队的建设者、经营者。

③ 金鹰党员

a. 评选方法　根据评选周期内党员工作业绩确定。

b. 评选周期　每月两次（每月 1 号、16 号），每次选 1～2 人。

c. 评选条件　为党小组工作献计献策，推动临时党小组工作管理提升；在亮明身份、提质增效、凝聚团队、传递正能量方面主动作为；积极领办或督办建造、调试期间各项小组工作覆盖范围以外事务；发现问题早、跟踪问题紧、解决问题快。

④ 质量雄狮

a. 评选方法　根据每个人每周在建造期间发现的设备/系统重要问题、推动解决的问题的数量确定。

b. 评选周期　每周一次，每次选 1～3 人。

c. 评选条件　积极主动发现问题、跟踪和解决问题；能够落实问题的记录、更新、跟踪和关闭的闭环管理；如果发现的问题具有前瞻性则更好。

评优争先示意图如图 3-19 所示。

图 3-19　评优争先示意图

（4）组织健康有益的团队活动　生产准备组坚持把关爱员工、构建温暖小家作为工会主要工作，努力增强员工的归属感、自豪感、责任感和幸福感，提高员工满意度、忠诚度，实现了"健康生活，张弛有度"。利用周末时间，定期组织篮球、足球、羽毛球、登山等活动，有组织地引导更多的员工积极参与，极大地丰富了员工的文化生活，提高了员工的生活品质。团队活动如图 3-20 所示。

(a)

图 3-20

(b)

(c)

(d)

图 3-20　团队活动

　海上新开发油气田生产准备良好作业实践

3.5.4 团队文化的传承和发扬

生产准备组成立后，人员陆陆续续到岗，为保证团队文化得到传承和发扬，每次有新同事到岗，生产准备组第一件事就是组织大家对团队的核心价值观进行宣讲和讨论。一方面让新同事尽快了解我们的团队，知道我们的团队文化，从而尽快地融入团队；另一方面进一步加深大家对我们的团队文化的理解，时刻提醒我们要身先士卒、以身作则，努力践行我们团队的核心价值观。团队文化活动如图 3-21 所示。

图 3-21　团队文化活动

3.6 双程观察

"双程观察员"短期交流培训项目是分公司在总结"六个交流"育人机制的基础上，结合分公司现场作业特点及现场人员职业发展需求而设计的，主要面向一线作业的优秀中初级、主操、平台长、监督及总监等人员。该项目强调"短期交流，定点回流，任务明确，专项管理"，并因其"定点回流"的双程往返特性而得名，以提升现场作业及管理骨干人员的专业知识和综合管理经验为主要目的。参加交流的人员以"观察员"的身份深入现场专门学习兄弟单位油（气）田作业管理的宝贵经验与积淀，同时分享本油（气）田的良好作业实践，使参与交流的个人与接收交流人员的单位在交流和沟通中教学相长，互促互进。

3.6.1 "双程观察"实践活动一：赴垦利 3-2 油田交流学习

文昌 9-2/9-3/10-3 气田群所使用的天然气往复式压缩机和低压气螺杆压缩机与垦利 3-2 油田在用压缩机同为海油工程特种设备公司成撬组装，且垦利 3-2 油田对于此类压缩机操作维修经验丰富，刚好弥补了文昌 9-2/9-3/10-3 气田群对于这类设备的经验空白。为求取"真经"，经有限公司湛江分公司生产部与有限公司天津分公司生产部协调，文昌 9-2/9-3/10-3 气田群（下称文昌气田）生产准备组一行 4 人赴垦利 3-2 油田进行了为期一周的"双程观察"交流学习。

为了让这次跨区域"双程观察"交流变得更加高效有意义，文昌气田群 4 名员工与垦利油田的兄弟们同操作、共学习，从早班会到晚班会，从现场到车间，从实操到资料，不放过任何一个学习的机会。针对压缩机操作使用、压缩机维保管理、平台完整性管理和生产精细化管理，生产准备组 4 名成员分头出击，每晚总结汇总，记录下每一点、每一滴的收获。与此同时，为了促进交流的深度和广度，垦利 3-2 油田组织了党建管理交流会、压缩机维保情况交流会和生产精细化管理交流会，并邀请文昌气田员工参与机械、生产班组内训和无人井口每周巡检维保工作。

此次"双程观察"交流学习有效地推动了文昌气田群项目压缩机的建造调试工作。

3.6.2 "双程观察"实践活动二：赴高栏终端交流学习

基于文昌 9-2/9-3/10-3、东方 13-2 等新气田陆地建造及投产初期运营管理和陵水 17-2 等深水气田的远景规划，经湛江分公司生产部沟通协调，生产部和文昌油田群作业公司一行 16 人，带着准备赴南海深水天然气高栏总站（下称高栏终端）进行了"双程观察"交流学习。

"双程观察"人员首先对荔湾 3-1 深水项目开发情况、生产形势及成长经历进行了了解；针对气田生产准备经验和深水气田与浅水气田的开发生产差异，双方进行了仔细的研讨交流。随后，工艺主操杨工在生产处理区对生产流程和工艺参数进行了详细的讲解；交流学习人员在笔记本上认真的记录，并根据南海西部气田目前的开发生产情况进行了经验的沟通。

最后，交流学习人员就高栏终端的生产工艺、节能环保和"三新三化"技术应用等方面与南山终端和东方终端进行了横向对比。其中，高栏终端丙烷制冷剂自给工艺和闪蒸气压缩机组无级气量调节系统不仅实现了低碳环保，而且节省了大量费用，给现场交流学习的人员留下了深刻的印象。

3.6.3 "双程观察"实践活动三：中初级赴珠海建造现场交流学习

文昌 9-2/9-3/10-3 气田群生产准备组参与珠海建造调试的人员只有 20 人，没有中初级人员。而文昌项目是南海西部首个 EPCI 项目，工期短，施工人员技术水平参差不齐；调试阶段设备多，平台建造与设备调试交叉进行，人员少，任务繁重。基于保障项目施工质量、安全和进度的总体要求，缓解生产准备人员不足的情况，经湛江分公司生产部沟通，生产准备项目组协调，号召分公司各油（气）田一线作业的优秀中初级员工、主操到珠海建造现场"双程观察"，在交流学习的同时，参与平台建造调试工作。

在观察交流期间，交流人员深入平台建造现场，充分了解文昌 9-2/9-3/10-3 气田群项目的建造调试工作的开展情况，由各调试负责人对相关调试设备进行讲解培训，交流人员根据各自的专业水平，积极参与到平台设备建造调试工作当中。

在项目的珠海建造调试过程中，生产准备组共接收 11 人次"双程观察"交流，参与 27 台/套设备的调试工作并完成内容丰富、形式多样的"双程观察"总结。

3.6.4 "双程观察"实践活动四：生产准备人员到气田交流学习

　　文昌 9-2/9-3/10-3 气田群生产准备组成员来自有限湛江分公司各作业公司；其中近半成员来自油田，气田安全管理和生产管理经验不足。为保障实现气田 2018 年顺利投产、安全生产的目标，生产准备组要求成员到崖城、东方等气田装置进行"双程观察"交流学习。

　　由于文昌气田群产气是依托崖城现有输气管道输送的，生产准备组成员主要对崖城平台和南山终端进行了"双程观察"交流学习。"双程观察"交流主要学习内容包含：安全管理特色、生产处理模式、维修管理方式、人员培养、气田党建。同时，还针对即将投产的文昌 9-2/9-3/10-3 气田群生产准备项目向崖城气田人员进行了宣传，为投产后共同输气奠定了良好的合作基础。

第4章

文昌 9-2/9-3/10-3 气田群关键技术运用

4.1　文昌 9-2/9-3/10-3 气田群采气工艺

文昌 9-2/9-3/10-3 气田群利用地层能量自喷生产。文昌 9-2 气田布井 5 口，其中定向井 2 口，水平井 3 口；文昌 9-3 气田布井 4 口，其中水平井 3 口，定向井 1 口；文昌 9-2/9-3 气田共预留 3 口。文昌 10-3 气田共布井 4 口，其中水平井 3 口，定向井 1 口，预留 2 口。文昌 10-3 气田依托文昌 9-2/9-3 气田综合平台开发，采用水下井口形式开发。

4.1.1　油管选择

4.1.1.1　油管尺寸选择原则

①在给定的地面条件下能满足最大产量要求。

②在给定生产期内油管不会发生冲蚀。

③ 减少气体的滑脱和摩阻损失，充分利用气井自身能量携液。

④ 从经济及安全的角度选择油管材质及壁厚，并考虑有利于施工作业。

4.1.1.2 油管材质

若气体组分中含有 CO_2，并且在生产中产水，就具有腐蚀环境和条件，根据 CO_2 分压的大小确定是否发生腐蚀：当 CO_2 分压超过 0.21MPa 时，将有腐蚀发生；当 CO_2 分压低于 0.021MPa 时，腐蚀可以忽略；当 CO_2 分压为 0.021～0.21MPa 时，腐蚀有可能发生。

综合考虑井口压力、携液能力、冲蚀分析、经济开采年限等几方面的影响，文昌 9-2 气田、文昌 9-3 气田和文昌 10-3 气田根据井的情况采用不同尺寸油管生产。

4.1.2 排液采气工艺

从气井携液能力分析结果可知，除文昌 9-2 气田的 A2 井及文昌 9-3 气田的 B2H 井外，由于产气量较低，其余气井在配产期内均会发生积液现象。

海上气田常用的排液采气工艺及特点如下：

① 电潜泵排液 效率高，适应性强，但地面需配备供电和控制设备。

② 气举排液 因发生积液的年份各井井口压力均较低，难以满足临井气举的要求。此外，如果井口注入的气体没有进行脱碳处理，会增大套管腐蚀风险。若需要采用气举排液，地面还需配置压缩机。

③ 更换小尺寸油管 当井底积液严重，冲击排放不能恢复生产时，可采用更换小尺寸油管，此举可增加气体的流速，确保气体的流速高于临界携液流速。

④ 泡沫排液采气 对于可进行投泡沫棒作业的气井，不需动管柱，通过投泡沫棒的方法可进行排液采气；若无法进行投棒作业，采用连续油管向井下注入泡沫，则需要铺设药剂管线。

考虑到开发方式、平台设施、作业难度、油管强度等因素，文昌 9-2 气田、文昌 9-3 气田采用平台方案开发，并配备模块钻机，根据经济评价的结果考虑采用泡排技术实现排液采气。文昌 10-3 气田采用水下井口开发，两口气井在生产后期均会发生积液，由于修井作业费用很高，后期根据气井动态适当调整工作制度降低含水量或关井进行侧钻。

4.1.3 结垢预测及防垢措施

根据对文昌 9-2/9-3/10-3 气田群珠海二组和珠海三组地层水进行分析，得到温度与结垢的关系，如图 4-1～图 4-3 所示。

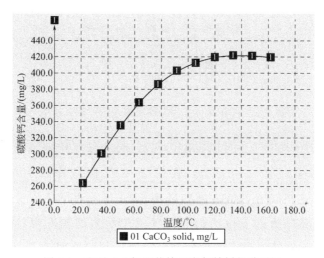

图 4-1　文昌 9-2 气田井筒温度与结垢的关系图

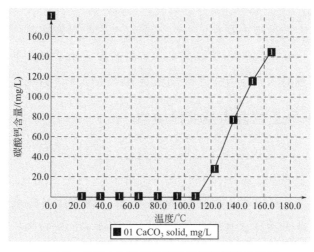

图 4-2　文昌 9-3 气田井筒温度与结垢的关系图

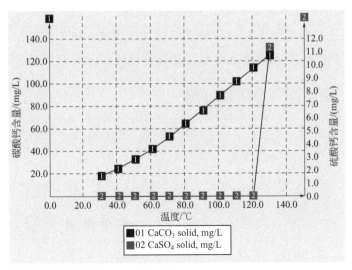

图 4-3　文昌 10-3 气田井筒温度与结垢的关系图

从图 4-1～图 4-3 中可以看出，文昌 9-2/9-3 气田珠海二组和珠海三组地层水结垢产物为 $CaCO_3$，文昌 10-3 气田珠海二组结垢产物为 $CaCO_3$ 和少量 $CaSO_4$，结垢倾向随温度的升高而增大。文昌 9-2/9-3/10-3 气田尽量贴近井下生产封隔器预留化学药剂注入阀，以便保护更多的油管，此外选择合适的防垢剂，定期进行酸处理。

4.1.4　生产井动态监测

在实际生产过程中存在的一些不确定因素将导致实际气藏的动态与预测结果不一致，因此需要根据实际监测的参数来适时调整开发方案。

根据油藏要求，所有生产井均安装井下压力计进行地层压力监测。

4.1.5　采气工艺要点及实施要求

① 文昌 9-2 气田采用 3 口水平井及 2 口定向井开发；文昌 9-3 气田采用 3 口水平井及 1 口定向井开发；文昌 10-3 气田采用 3 口水平井及 1 口定向井开发；除文昌 9-2 气田 A4H 井由于后期产量较低，在配产条件下无法自喷生产外，其余各气井在配产条件下均可自喷生产，建议对文昌 9-2 气田 A1H 井在生产过程中加强监测，并根据生产动态适时调

整该井生产制度或采取相应工艺措施；各口井采用不同的组合油管生产。

② 文昌 9-2 气田、文昌 9-3 气田及文昌 10-3 气田要求安全阀下入泥面下 150m（文昌 9-2 气田、文昌 9-3 气田在泥线以下 280m 左右下入油管回收式井下安全阀，文昌 10-3 气田安全阀下入泥面下 80m），以防止水合物在安全阀处生成影响安全阀使用。

4.2 文昌 9-2/9-3/10-3 气田群天然气处理工艺

4.2.1 工艺系统设计原则

根据油藏配产和井口温度、压力，进行工艺流程设计，由于平台井口压力变化较大，为了能够尽量利用井口压力，平台设置高压和低压系统。

工艺处理需要满足香港终端用户的用气要求，同时考虑尽量利用文昌 FPSO（海洋石油 116 号）的处理能力，因此文昌 9-2/9-3 中心平台的油水不再进行分离，利用原有混输管线输送至文昌 FPSO 进行处理。

4.2.2 主工艺系统

文昌 9-2/9-3 中心平台共有 9 口生产井。经济年限内，生产井嘴前井口压力范围为 1.9～19.0MPa（A）（A 表示绝压），嘴前井口温度范围为 22～65℃。文昌 10-3 和文昌 10-3 西高点有 4 口生产井，生产期内，生产井嘴前井口压力范围为 2.7～23.4MPa（A），嘴前井口温度范围为 39～84℃。文昌 9-2/9-3 中心平台主工艺流程包括四个系统：气液分离及油水外输系统、湿气压缩及 TEG 脱水系统、烃露点控制及干气外输系统和 TEG 再生系统。下面分别介绍各系统的工艺流程和主要工艺设备参数。

4.2.2.1 气液分离及油水外输系统

文昌 10-3 和文昌 10-3 西高点的 4 口生产井的流体经气嘴节流后，通过新建海底管道输送至文昌 9-2/9-3 中心平台，进入段塞流捕集器进行气液分离。前期水下井口压力较高时，段塞流捕集器中的气相与高压生产分离器中的气相在出口汇合后进入天然气脱水系统。后期水下井口压力降低后，段塞流捕集器中的气相与低压生产分离器中的气相在出口汇合后进入湿气压缩系统。段塞流捕集器的液相在出口节流后进入低压生产分离器。

文昌 9-2/9-3 中心平台的 9 口生产井前期井口压力较高时，流体经气嘴节流后，经高压管汇，进入高压生产分离器进行气、液两相分离。后期井口压力降低后，生产井流体经过气嘴节流，经低压管汇，进入低压生产分离器进行气、液两相分离。

高压生产分离器分出的天然气直接进入三甘醇脱水系统进行脱水处理，高压生产分离器的液相在出口节流后进入低压生产分离器。低压生产分离器分出的天然气先进入湿气压缩系统增压后再进入三甘醇脱水系统。湿气压缩机未投用前，低压分离器主要接收来自高压生产分离器和段塞流捕集器液相出口的来液，节流降压析出的少量天然气经低压分离器的气相出口直接进入燃料气系统。低压生产分离器的液相在出口经过节流后进入缓冲罐。

由于产气二氧化碳含量较高，应下游老海管防腐要求，需要将凝析油和生产水降压脱气至 200kPa（A）后，再增压外输。高压生产分离器和段塞流捕集器分出的液体先经一次降压后进入低压生产分离器回收部分天然气，低压生产分离器分出的液体再经第二次降压至 200kPa（A）后进入缓冲罐，缓冲罐中的油水混合物经外输泵增压后，通过海底管线输送至文昌 8-3 东平台，最终利用原混输管线输送至文昌 FPSO 进行处理。缓冲罐分离出来的气体进入低压气回收压缩机系统，增压并冷却至 40℃后，进入燃料气系统。

需计量的生产井流体（定期）通过计量管汇进入计量分离器中进行油、气、水三相计量。水下井口的 4 口生产井流体利用虚拟计量技术实现单井计量。段塞流捕集器的气、液出口分别设流量计，文昌 10-3 和文昌 10-3 西高点水下井口的流体总流量由段塞流捕集器进行计量。

根据文昌 9-2/9-3/10-3 气田群的井口压力和井口温度数据，个别井口温度较低，节流后流体温度不满足高于水合物生成温度 5℃ 以上的要求，需要在低温井的嘴前注入水合物抑制剂，降低水合物生成温度，使水合物生成温度降低至流体温度 5℃ 以下。文昌 9-2 A4 井，2016～2021 年需要注入水合物抑制剂；文昌 9-2 A5 井，2016 年、2017 年和 2019 年需要注入水合物抑制剂；文昌 10-3 A1 井，2019～2021 年需要注入水合物抑制剂。中心平台没有脱水流程，无法实现回收水合物抑制剂，因此考虑利用甲醇作为水合物抑制剂。且为防止各单井在投产短时内或停产后重新生产时经气嘴节流后产生水合物，投产时需要考虑向各单井的嘴前注入水合物抑制剂。

4.2.2.2 湿气压缩及 TEG 脱水系统

气田湿气压缩系统，处理能力满足平台外输要求。主要工艺流程为：由高压系统分出的湿天然气直接进入 TEG 脱水系统，从 2019 年开始，由低压系统分出的湿天然气首先通过湿气压缩机入口气涤器进行气液分离，随后进入湿气压缩机进行增压，增压后的高温天然气进入湿气压缩机后，冷却器通过低温海水降温至 35℃ 后，进入湿气压缩机出口气涤器；分出降温冷凝所产生的液体，再与高压系统来的湿天然气混合进入 TEG 脱水系统。

TEG 脱水系统采用单系列，处理能力满足平台外输要求，处理指标为天然气标准状态下含水低于 96.11mg/m³。主要工艺流程为：湿天然气首先进入入口过滤分离器中除去游离液体和固体杂质，然后进入 TEG 接触塔的底部，由下向上与贫 TEG 溶液逆向接触，使气体中的水蒸气被 TEG 溶液所吸收。离开吸收塔顶部的干气进入气体/贫 TEG 换热器中，与来自 TEG 再生系统的 TEG 贫液进行换热，随后脱水干气进入烃露点控制系统。而经气体/贫 TEG 换热器冷却后的贫 TEG 溶液进入吸收塔顶部，在吸收了天然气中的水蒸气后，TEG 富液从吸收塔底部流出，返回 TEG 再生系统进行再生。

4.2.2.3　烃露点控制及干气外输系统

由脱水系统出来的干气经过气/气一级换热器和气/气二级换热器与低温分离器里出来的低温干气进行两级换热，然后经节流降温，流体进入低温分离器分出降温冷凝所产生的液体，进行烃露点控制。低温分离器分离出的气体，先经过两级换热，然后进入干气压缩机撬，通过入口涤气罐脱出液体，随后进入干气压缩机撬进行增压，增压后的高温干气再进入干气压缩机后冷却器利用低温海水降温至 70℃后，经过聚集过滤器分离出润滑油，干气通过外输计量撬进行外输计量，最后通过海底管线利用水下三通接入崖城-香港管线。

4.2.2.4　TEG 再生系统

中心平台的 TEG 再生系统采用单系列，来自 TEG 脱水系统的 TEG 富液首先进入 TEG 回流冷凝器中预热，再经过冷换热器与贫 TEG 溶液进行热交换，随后进入 TEG 闪蒸分离器，分离出被 TEG 溶液吸收的烃类气体并经上部出口排空，闪蒸分离器底部排出的 TEG 富液依次经过 TEG 颗粒过滤器和 TEG 活性炭过滤器除去其在吸收塔中吸收与携带过来的少量固体、液烃、化学药剂及其他杂质，然后经贫/富 TEG 换热器换热，进入 TEG 再生器上部的精馏柱中，TEG 富液向下流入再生器，与由再生器中汽化上升的热 TEG 蒸气和水蒸气接触，进行传热与传质，而从 TEG 富液中汽化的水蒸气则由精馏柱顶部排至大气。当对再生器中的贫 TEG 溶液浓度需求＞98.5％（质量分数）时，贫 TEG 溶液流入 TEG 汽提柱中，与经再生器预热后的汽提气逆向接触进行提浓，然后进入缓冲罐。再生好的贫 TEG 溶液自缓冲罐流出后先经贫/富 TEG 换热器冷却，然后经 TEG 输送泵加压后去 TEG 吸收系统循环使用。

4.2.2.5　文昌 10-3 气田天然气处理系统

文昌 10-3 和文昌 10-3 西高点利用水下井口开发，需要新建文昌 10-3 水下井口。文昌 10-3 共有 4 口生产井。生产期内，生产井嘴前井口压力范围为 2.7～23.4MPa（A），嘴前井口温度范围为 39～84℃。4口生产井的流体经气嘴节流后，通过文昌 10-3 水下井口至文昌 9-2/9-3

中心平台的海底管道输送至文昌 9-2/9-3 中心平台的段塞流捕集器进行下一步的处理。文昌 9-2/9-3 中心平台的段塞流捕集器的气、液出口分别装有流量计，文昌 10-3 和文昌 10-3 西高点的水下井口的总产量由文昌 9-2/9-3 中心平台的段塞流捕集器进行计量，通过虚拟计量实现水下井口的单井计量。

单井流体经气嘴节流后，井流由采油树通过跨接管（JUMPER）分别连接水下管汇，进入 21.7km 长的海底管道输送至文昌 9-2/9-3 中心平台。水下管汇预留 2 个接口满足未来预留井接入的需要，同时还需要预留 1 个清管接口。

由于海水底层温度最低为 16.3℃，为了避免在管线输送过程中产生水合物，需要注入甲醇，抑制水合物生成。在水下井口投产或停产后又重新生产时，需要在单井的井筒注入甲醇，以达到平衡压力、抑制水合物生成的目的。文昌 10-3 水下井口需要的化学药剂由文昌 9-2/9-3 中心平台供给，其中包括防腐剂、防垢剂、水合物抑制剂。

4.3 文昌 9-2/9-3/10-3 气田群天然气计量技术

4.3.1 单井计量

中心平台采用计量分离器进行单井计量，计量单位和计量精度要满足国家标准 GB 50350—2015 中油井产量计量油、气、水准确度最大允许误差在 ±10% 以内的规定。

文昌 10-3 气田的单井计量方式为虚拟计量，其基本原理为利用安装在井下及油嘴阀前后的温度、压力以及压差传感器获得的基本信号以及油嘴阀开度信号，通过多相流模型计算分析，得到单井流量，实现单井油、气、水三相计量，其计量精度取决于油气比、含水率等。同时根据总量计量结果和阀门开度作为计算一部分，可以对单井计算结果进行修正。

4.3.2 总量计量

在中心平台分离器油相出口设置质量流量计与含水分析仪以实现凝析油的总量计量。油相出口的流体属于含水原油，根据国家标准 GB 50350—2015 中的规定，含水原油计量属于三级计量，精度应在 $\pm 5\%$ 以内。

在分离器的气相出口设置超声波流量计，实现中心平台产气量的总量计量，气相计量属于二级计量，精度应在 $\pm 5\%$ 以内。

4.3.3 外输计量

中心平台处理合格的天然气外输前需要进行计量，该计量属于贸易交接能量计量。外输天然气采用超声波流量计进行计量，遵循国家标准 GB/T 18604—2014《用气体超声流量计测量天然气流量》和 GB/T 18603—2014《天然气计量系统技术要求》的相关技术要求，并设在线气相色谱分析仪，计量系统整体不确定度在 $\pm 1\%$ 以内。

文昌 9-2/9-3 平台外输流量计为天然气贸易计量流量计，用于计量文昌 9/10 气田交付至崖城海管的天然气数量，合作方同时还需要控制、监测和分析交付天然气的质量。

为使计量具备实时性与可追溯性，同时避免商业贸易纠纷，在（两台）天然气流量计上游汇管上，除了需要具备在线色谱仪取样口之外，还增加了天然气累积取样口及相应累积取样器和控制单元。天然气累积取样的目的是连续取有代表性的天然气样品，累积取一个月后，将样品送第三方独立实验室分析天然气组分含量、相对密度、热值等参数，第三方分析的相关天然气参数将输入流量计算机中用于计算天然气实时流量，并用于利益相关方判定供气质量是否符合交付规格。在中心平台中控室设置相应的流量计算机。

4.3.4 能耗计量

能耗计量需要满足国家标准 GB 17167—2006《用能单位能源计量器具配备和管理通则》中的相关规定。

4.4 文昌 9-2/9-3/10-3 气田群设备选型

4.4.1 主电站选型

文昌 9-2/9-3/10-3 气田群以产出天然气为主，气量较为丰富，因此文昌 9-2/9-3 中心平台主电站选用燃气型发电机组。文昌 9-2/9-3 新建中心平台＋文昌 10-3 水下生产系统的最大总用电负荷约为 7571kW。

根据平台实际总用电负荷，结合厂家产品的可选规格，经分析和比对，主电站采用 2 台燃气透平发电机组加一台燃气往复式发电机组，燃气透平发电机 1 用 1 备，单台透平发电机组额定功率约为 4400kW，燃气往复式发电机组额定功率为 3300kW。透平发电机组以平台自产天然气为主要燃料，并配备柴油供应系统提供辅助燃料。

4.4.2 应急发电机选型

文昌 9-2/9-3 中心平台的最大应急电负荷为 940kW，结合厂家产品的可选规格，推荐选用 1 台额定功率为 1200kW 的柴油发电机作为应急电站，并设柴油日用罐，可满足机组 18h 的燃料供应。

4.4.3 热站选型

文昌 9-2/9-3 中心平台位于南海，整体加热负荷较小，所有热用户均采用电加热形式。

4.4.4 压缩机选型

文昌 9-2/9-3 中心平台上设有低压气、湿气及干气压缩机系统。

4.4.4.1 干/湿气压缩机选型

根据干/湿气压缩机的运行工况和特点，经研究和比选后确定选型方案如下：

a. 湿气压缩机采用 2＋1 往复式压缩机配置方案，运行工况 2 用 1

备，压缩机采用电机驱动。

b. 干气压缩机采用 1＋1 往复式压缩机配置方案，运行工况 1 用 1 备，压缩机采用电机驱动。

往复式活塞压缩机的特点是：适应性强，即排气量范围较广，适用的压力范围广，热效率高；转速低，机器体积大而重；结构复杂，易损件多，维修量大，但对维修工的技术要求低；排气不连续，易造成气流脉动。

4.4.4.2　低压气压缩机选型

为有效利用平台自产低压气、减少放空量，同时经与透平厂家确认，低压气组分可以适合机组的燃烧。因此设低压气压缩机，对井口低压气进行增压，以满足透平机组的燃烧入口压力要求。

（1）低压气压缩的工况特点

a. 天然气流量较低，且逐年递减较快。

b. 进口压力很低，接近常压。

c. 增压比很大。

d. 低压气中的重组分含量较高，在压缩过程中易有析液产生。

e. 为节省投资和占地，只达到尽量对低压气进行利用即可，不设备用机。

（2）螺杆式压缩机的特点

a. 增压压缩比高。

b. 对气体进口压力的要求低。

c. 对流量调节变化的适应性好。

d. 对气中含较多重组分的情况不敏感。

e. 维护和保养工作量较少。

（3）具体选型方案　设 2 台电机驱动螺杆式压缩机组，两级压缩，一级最大轴功率约为 181kW，二级最大轴功率约为 189kW。

4.4.5　吊机选型

（1）钻、修井作业的吊装要求　文昌 9-2/9-3 中心平台上设有模块钻机，为配合钻、修井作业，平台吊机需满足的作业内容如下：

① 平台吊机的起吊范围要求能覆盖整个井场，以便吊卸钻、修井作业设备工具以及配合在井口的钻、修井作业实施。

② 修井机要求在设计修井作业的最边、远端处，应保证的平台吊机起吊能力为 2～2.5t。另外，考虑作业期间的维修需要，在修井甲板布置泥浆泵处，应保证的平台吊机起吊能力为 3～5t。

③ 针对钻井作业，在距离吊机基座最近端的井槽中心处需满足 40t 的起吊要求，在距离吊机基座最远端的井槽中心处需满足 3t 的起吊要求。

（2）其他吊装要求 平台日常需要进行物品及设备的吊装，以及在运输船与平台之间吊装人员及货物，因此吊机需满足的起吊能力为 3～10t。

（3）吊机选型方案 综合以上要求，并综合考虑文昌 9-2/9-3 中心平台的甲板面积和设备布局，最终确定的吊机选型为：设 1 台柴油机驱动基座式吊机，吊装能力为 45t@20m、5t@35m，配合钻、修井作业及日常吊装；另设 1 台电液驱动基座式吊机，吊装能力为 25t@15m、5t@35m，满足日常吊装作业。

4.4.6 凝析油外输泵选型

（1）凝析油外输工况特点

① 外输液量较低，且递减较快。

② 增压比大。

③ 凝析油在外输前已经前置缓冲罐（CEP-V-2003）沉降脱气。

（2）凝析油外输泵选型方案 为满足逐年外输工况变化和增压比的要求，经选型和分析，并结合厂家咨询结果，往复隔膜泵单台排量低、增压压力高，且可通过变频调节流量，因此最终推荐往复泵＋变频电机的型式。

因往复泵＋变频电机的最低流量调节范围可达 30%，为应对逐年流量变化，推荐共设 3 台泵组，运行工况为 2 用 1 备（2016～2021 年）及 1 用 2 备（2022 年以后）。

4.5 文昌 10-3 气田水下生产系统

4.5.1 基本设计原则及设计标准

① 采用国际成熟的水下生产系统与技术。

② 充分利用周边已有和在建的基础设施。

③ 考虑后期调整井或周边小区块的开发。

④ 在安全可靠的情况下，最大限度简化水下生产设施。

4.5.2 工程方案

文昌 10-3 气田水下生产系统充分利用井底压力自喷生产，采用水下卧式采油树，便于侧钻及后期修井，开发方案中设计 4 口开发井，并预留 2 口井的接口，控制系统采用复合电液控制，安装水下清管接口满足后期清管需求，配置虚拟计量系统，进行单井计量。主要设备如下：

① 4 套水下卧式采油树（10000PSI，带安装结构，控制系统 SCM）。

② 1 条 22.5km 海管、1 条 22.5km 脐带缆（UMB）。

③ 4 条 30m 跨接管。

④ 4 条 50m 跨接电缆。

⑤ 1 套水下集中管汇（预留后期 2 个井口接入点）。

⑥ 1 套水下脐带缆终端（SUTU）。

⑦ 相应保护装置等。

⑧ 1 套上部控制系统：MCS、HPU、TUTA、EPU 等。

4.5.3 主要设备

采用集中管汇（manifold）式水下系统，4 口井的流体经各自水下采油树通过 30m 跨接管水下生产管汇，然后接入 PLET，经由一条 8in 的约 22.5km 长的油气混输海底管线回接到文昌 9-2/9-3 中心平台，利用平台上的设施进行处理。控制信号、液压液及化学药剂经由文昌 9-2/9-3 中心平台通过布置在井口附近的 SUTU 分配到两个井口。

水下生产系统主要设备统计如表 4-1 所示。

表 4-1　水下生产系统主要设备表

序号	设备名称	数量	备注
1	集中式管汇	1 套	4 口生产井＋2 口预留井
2	水下井口头	4 套	
3	采油树组件	4 套	
4	油管挂	4 套	每个采油树 1 套
5	保护装置	5 组	4 套采油树和 1 套集中管汇

（1）水下采油树组件　采油树系统应在满足基本功能要求的前提下，选用世界石油界（包括我国）认可的通用设计，所有部件均可由一艘具有 6m×6m 的月池的半潜式钻井船安装，以保证其在最短的海上作业时间，根据气藏特点、钻采方案以及气田群整体开发思路，文昌 10-3 气田依托新建文昌 9-2/9-3 中心平台开发，即文昌 10-3 生产的油气水依靠自身压力，经过新建约 22.5km 长的 8in 水下生产系统至文昌 9-2/9-3 中心平台的海底管道输送至文昌 9-2/9-3 中心平台，与文昌 9-2/9-3 中心平台生产的油气水混合，分离出的凝析油和水混输去文昌 8-3 东平台后经已建管输系统输至 FPSO 处理；经过脱水和烃露点控制后的气体处理至满足香港供气要求后通过 33.1km 长的海底管道利用水下三通接入崖城-香港输气管线。

文昌 10-3 气田共计设置 4 口井，井内进行可靠而安全的安装。经与钻完井专业落实，安装作业按同标准的 ISO 13628 界面操纵水下机器人（remote operated vehicle，ROV）来完成。

（2）水下采油树类型　可用于文昌 10-3 水下生产系统的水下采油树有卧式采油树和常规采油树。两种采油树技术成熟，各有优点，且应用范围较广。常规采油树安装时油管和管挂先于采油树的安装，修井作业时需要将采油树拆下后方可进行，因此适用于井筒内维修作业少的场所；卧式采油树安装时油管和管挂后于采油树的安装，修井作业时不需要拆卸采油树，因此适用于维修频率较高的场所。考虑到文昌 10-3 气田开采后期油藏有侧钻需求及气田出水风险，经与钻完井专业沟通，初步考虑采用适合自喷井的压力等级为 10000psi（1psi＝6.895kPa，下同）的水下卧式采油树。

采油树设计压力为 10000psi，操作温度为 14～72℃，两口井都选取 2-7/8in 油管，采油树公称尺寸为 3-1/8in，采用压力等级为 10000psi 的卧式采油树。采油树本体及管配件的设计压力为 10000psi，适用于自喷井，由于生产液流中含有一定量的 CO_2（3.3%～3.5%），CO_2 分压值较高，在 1.15～1.20MPa 之间，大于 0.21MPa，按标准选择与井液接触部件的材料等级为 HH 级。

（3）采油树导向架　采油树导向架是一个预制结构，通过一个坚固的机加工圆环连接到 18-3/4in 的采油树外部。

为伸缩导向柱预备的 4 根垂直的导向柱接收管以 6ft（1ft＝30.48cm，下同）半径分布。

导向柱下部的延伸结构支撑着整个采油树装置，带有采油树连接头回接套筒，以便更换采油树下面的密封圈。导向架前面的固定支架是 ROV 作业用的。

（4）生产导向基座　生产导向基座具有导向和作为基础（支持泥线上及水下钻井完井设备）的功能，一般情况下导向底座是由安装工具顺着井槽限定的井位和表层导管（隔水套管）一起下入的，安装在套管上，是海底管线、采油树主体的界面底座。其水平精度要求非常高，以保证水下采油树的安装精度。生产导向基座的生产管一端连接在采油树生产出口上，另一端连接在海底管线上。生产导向基座通过月池安装。

（5）采油树主体　采油树主体包括 ROV 操作盘、阀座、采油树连接器等。多个不同性能的球阀、门阀的开关集中设在一块 ROV 操作盘上。井口压力、温度、化学注入点等状态通过复合电液压控制系统监视。采油树下部剖面是一个 18-3/4in 的 VX 密封面，表面涂有防腐合金，下部接头可连接在 18-3/4in 的标准水下井口头上，上部剖面也具有 VX 密封区，内涂防腐合金，上部接头可与防喷器 BOP 连接。内剖面用于定位、锁紧和密封同心油管挂和采油树内罩。采油树上所有阀门均采用卸压关阀的安全设计原则。

(6) 油管挂及采油树帽　油管挂支持油管柱下入、起出的作用，油管挂与采油树均采用金属密封，油管挂上的桥塞控制了生产液流的流向。采油树帽盖在采油树的顶部，其主要功能是密封采油树、保护采油树免受海水腐蚀，采油树帽应选用内连接金属密封，可以保护水下井口，防止井液漏入海水。

(7) ROV 控制台　ROV 控制台固定在采油树的导向架上，除了潜水员操作的生产、环空压力/温度传感器的排放阀之外，其他的阀门均由 ROV 通过控制台操作。设计中选择标准的 ISO 13628 ROV 界面作为标准 ROV 工具的界面。

由 ROV 控制台操作的阀门分为三类：第一类为生产操作类，用于控制正常作业中的生产阀、生产控制阀、安全阀、化学药剂注入阀；第二类为修井操作阀门（操作板形式），用于控制修井阀、柴油注入解堵阀、环空阀；第三类为完成采油树外接接头与管汇接口的连接，完井管串的部分工具加压和卸压，以及多功能快速接头的阀门等。从操作盘上可以直接控制生产阀、环空阀、安全阀、化学药剂注入阀等，其中生产阀、环空阀、生产控制阀、安全阀也可以由中控室直接控制，安全阀在紧急情况下可以直接关断。采油树的安装工具（TRT）采用液压锁紧。

(8) 采油树保护装置　主要水下设施由一个生产导向基座和一个卧式采油树组成，没有其他设备，尺寸相对较小，因此考虑采用常规的保护方式，即在采油树上安装顶部保护罩，采油树侧面安装防护隔栅，生产导向基座上安装防护杆。

其中保护罩和防护隔栅在需要进行 ROV 作业的位置要设置开孔，开孔以铰接方式配置盖板，方便 ROV 打开和关闭盖板并进行作业。防护杆也要以铰接方式与生产导向基座连接，以方便安装。

(9) 采油树及组件的一般设计要求　采油树及组件的一般设计要求如下：

① 设备的设计寿命为 15 年。

② 类型为水下卧式采油树。

③ 采油树与相应的标准水下 18-3/4in 井口头相匹配。

④ 为了避免任何部件的失效带来的生产事故，该系统应具备故障自动保险的功能。

⑤ 泄漏路径最小化。

⑥ 所有模块的设计应考虑在陆上和海上运输中安全搬移的要求。

⑦ 用于海上系扣的吊眼应做明显标记。

⑧ 所有的设备应具备必要的试桩、支座、滑动撬板和保护罩，以便陆上和海上运输、吊装等工作。

⑨ 当采油树遇到业主和供应商共同确定的偶发载荷后，必要的压力挡板部件应保持完整。

⑩ 供应商应按业主要求提供与各种注井液和完井液配套的材料；油管的立管适配器跨接管和采油树应设计成可由钻杆上的安装工具进行安装和回收。

⑪ 所有的液压部件和系统应按照专门的填充、清洗、清扫程序处理以达到所期望的净度。

⑫ 水下完井设备应进行阴极保护和防腐涂装。

⑬ 应提供 ROV 作业时发生设备使用机械超载的保险措施。

⑭ 所有的法兰连接应采用金属对金属密封，暴露于产出液的环形槽、密封带及其表面应涂装防腐合金材料。

⑮ 所有接头应处于显示位置。

⑯ 油管的立管适配器和采油树的支撑结构应能支撑整个装置。

⑰ 所有液压接头应具备防止松动的机制。

4.5.4 水下控制系统

4.5.4.1 水下控制方案

文昌 10-3 气田采用水下生产系统，依托文昌 9-2/9-3 中心平台开发。文昌 10-3 气田的生产井液通过海底管线输送到文昌 9-2/9-3 中心平台上进行处理和外输。文昌 10-3 气田水下生产设施和控制系统由文昌 9-2/9-3 中心平台提供电力。

由于文昌 10-3 气田水下生产系统回接到文昌 9-2/9-3 中心平台，距离约为 21.7km，控制方式考虑采用复合电液控制系统，通信方式采用电力线载波。水下控制系统的工程量如表 4-2 所示。

表 4-2　水下控制系统的工程量

序号	设备名称	数量	备注
1	上部控制单元（MCS/EPU/HPU/TUTA）	1 套	2 口生产井＋2 口预留井
2	水下脐带缆终端（SUTU）	1 套	3 个接口＋2 个预留接口
3	脐带缆（UMB）	约 22.5km	2 口生产井＋2 口预留井
4	水下控制模块（SCM）	2 套	每个采油树 1 套
5	控制跨接缆（flying lead）	2 组	每组包含 1 跟液压和 2 跟电气跨接缆

文昌 10-3 气田控制液的流动方向为：中心平台上的 HPU⇒脐带缆上部终端（TUTA）⇒脐带缆（UMB）⇒水下脐带缆终端（SUTU）⇒跨接缆（flying lead）⇒各水下控制模块（SCM）⇒各控制阀门。

4.5.4.2　控制系统的基本组成及功能

文昌 10-3 水下生产系统的监控和管理由安装在文昌 9-2/9-3 中心平台上新增的复合电液控制系统完成。控制系统主要包括水上和水下两部分：水上部分有主控制站（MCS）、电力单元（EPU）、液压动力单元（HPU）、脐带缆上部终端（TUTA）等；水下部分有水下脐带缆终端（SUTU）以及安装在水下采油树上的水下控制模块（SCM）等。

（1）主控制站（MCS）　主控制站（MCS）独立完成对文昌 10-3 气田生产系统及水下控制系统的工作状况的监控和管理，独立执行或接受来自文昌 9-2/9-3 中心平台的紧急关断命令执行文昌 10-3 气田的水下生产系统关断。文昌 9-2/9-3 中心平台生产关断及以上级别关断信号经 MCS 送文昌 10-3 气田实施相应的关断并在 MCS 报警。

在中心平台中控室为文昌 10-3 气田主控制系统配备 1 台工作站兼工程师站，并配打印机 1 台。为了保证控制系统连续可靠地运行，主控制系统的 CPU 模块、电源模块、I/O 模块、通信模块、数据通信总线采用 1:1 冗余。

（2）电力单元（EPU）　电力单元（EPU）通过脐带缆为电液控制系统的水下控制设备提供所需的电力。电力输送通过电缆和水下电力分配系统完成。为避免电力单元（EPU）对控制设备的干扰，考虑将其安装在应急开关间。

（3）液压动力单元（HPU）　液压动力单元（HPU）为水下控制系统提供液压控制流体。液压控制流体通过液压脐带缆输送到水下液压分配系统和水下控制模块，操作水下阀门执行机构以实现水下阀门遥控操作的开启和关闭。

文昌9-2/9-3中心平台的生产关断及以上级别的应急关断直接控制文昌10-3的液压动力单元，以实现对水下阀门的卸压关断。

（4）脐带缆上部终端（TUTA）　脐带缆上部终端（TUTA）是由5根液压输送管线、3根化学药剂注入管线、1根放空管线、1根备用管线和2根水下控制设备供电及通信电线的汇入面板等组成。

（5）水下脐带缆终端（SUTU）　水下脐带缆终端（SUTU）是水下控制动力、控制通信及化学药剂的集散单元。来自上部脐带缆的电力、液压流体、化学药剂及控制信息从水下脐带缆终端分配到水下生产控制系统的控制模块、化学药剂的注入点，来自水下生产系统的状态信息通过脐带缆水下终端传输到上部主控制系统进行监控。目前水下脐带缆终端（SUTU）考虑3个接口和2个预留接口的设计量。水下脐带缆终端（SUTU）需要设置单独的基础和保护结构。

（6）水下控制模块（SCM）　水下控制模块内部结构基本是标准化的，独立于外部界面系统。文昌10-3气田每个采油树上各安装1套SCM。每个采油树上的SCM根据主控制站（MCS）的操作指令对采油树上的阀门进行控制，并把阀门状态信号返给MCS。井下的参数通过电线收集到SCM，然后送到MCS上显示。

SCM主要功能如下：

① 水下井口安全阀、环空主阀、环空翼阀、生产主阀、生产翼阀等的监控功能。

② 化学药剂注入阀、油嘴阀的监控功能。

③ 出油管孔、环形空间孔压力、温度监测。

④ 智能完井监测、含砂量监测、腐蚀监测（根据需要确定此类项目需求）。

⑤ 与上部 MCS 进行通信。

（7）脐带缆　脐带缆包括独立的管线和电线，管线用于传送化学药剂和液压液的供应与循环，电线用于为水下控制模块（SCM）等用户供电，同时作为实现水下控制模块与上部控制系统通信的介质。目前脐带缆中的管线和电线包括 2 根高压液压管线、2 根低压液压管线、1 根液压回流管线、1 根防腐剂注入管线、1 根甲醇注入管线、1 根防垢剂管线、1 根放空管线、1 根备用管线和 2 根四芯电线。文昌 10-3 气田脐带缆剖面示意图如图 4-4 所示。

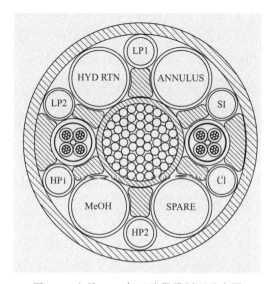

图 4-4　文昌 10-3 气田脐带缆剖面示意图

4.6　文昌 9-2/9-3/10-3 气田群防腐技术

4.6.1　平台防腐

4.6.1.1　平台外防腐

平台划分为 3 个腐蚀区域，即大气区、飞溅区和全浸区。大气区是指平台飞溅区以上的部分，该区域暴露于阳光、风、雾和雨中。金属构件组合在一起时应采用密封焊接，尽量避免采用容易产生大气腐蚀的结构形式。对钢结构，通常采用高性能防腐蚀涂料。飞溅区由于受潮汐、风和波浪的影响，平台构件干湿交替。飞溅区通常需要增加钢的壁厚，即预留一定的腐蚀裕量，并采用高性能防腐蚀涂料。全浸区是指从飞溅区向下包括泥线以下的区域。全浸区的外部腐蚀控制采用阴极保护防腐蚀措施。

（1）涂层系统　由于海洋大气腐蚀性较强，海上维修费用很高，所以应使用高性能防腐蚀涂料。高性能防腐蚀涂料的使用要求严格的钢结构表面处理，必须严格按照涂料施工要求进行施工，并进行严格的检验。

涂层系统一般包括底漆、中间涂层和表面涂层。

涂层系统的选择应考虑环境、施工和性能等因素，主要包括如下几个方面：

① 建造期间已涂底漆钢材的储存时间。

② 耐蚀耐磨性能好。

③ 抗冲击性好、抗溶性佳和抗腐蚀性化学物质侵蚀性能好。

④ 抗粉化性好而且不易褪色。

⑤ 能用常规和现有设备涂敷和维修，通常优先使用容易修补和维修的涂层系统。

⑥ 低温、空气湿度和寒冷天气的限制。

（2）阴极保护系统　阴极保护系统有牺牲阳极系统、外加电流系统及牺牲阳极和外加电流联合系统三种。牺牲阳极系统具有长期保护、安全、管理简便等特点，平台全浸区采用牺牲阳极系统。

① 海上平台 CP 检验仪　主要参数：48 路采样，输入阻抗$\geqslant 10^8 \Omega$，采样范围＋2000～－2000mV，精度 0.3mV；实用采样速度 4 点/秒，检测频率 6min～72h 一遍；具有实时显示（非正常值预警）、自动过滤、数据回访、打印、设置与帮助等工具栏。

② 微机化数据采集存储器（黑匣子）　保证导管架下水时自动对阴极保护状况跟踪检测，并取得初期动态极化数据，由此推导出动态极化数理模型与工程。

平台建成后能与 PC 机联机读取存储数据或与阴极保护检测仪配合运动。要求整体结构合理、牢固、耐热、水密、抗震、抗干扰，以保证其在运输、吊装、定位、打桩和作业过程中正常工作；具有定时预设、数据采集、存储回放、掉电保持、液晶显示、备份检测等功能，附带 USB 接口和软件联机运行；输入阻抗 $\geqslant 10^8 \Omega$，48 路采样通道，精度 1mV，1GB 内存，可在无人管理条件下连续工作 64 个月，数据可保存 5 年以上。

③ 复合参比电极　根据不同极化部位选设 24 支全固态银/卤化银＋高纯锌复合电极，以避免普通银/卤化银电极在天然海水中的不可逆性和结晶钝化现象；相对于饱和甘汞电极，高纯度锌电极质量大于 500g，在 25℃的流动海水中，其稳定电位应在−1.03V 左右，与动态补偿配合使用寿命为 25 年。

④ 牺牲阳极电流变送器　根据牺牲阳极的布设位置选定 10 个阳极安装电流检测用变送器，并增加 8 个检测阴极电流监测用变送器。要求直接焊接在阳极与导管架之间的全固态变送器的内阻为 $0.005\Omega \pm 0.0005\Omega$，允许电流为 30A，寿命为 25 年。

4.6.1.2　平台上部设施内防腐

文昌 10-3 气田生产的油气水经过水下生产系统至文昌 9-2/9-3 中心平台的海底管道输送至文昌 9-2/9-3 中心平台，与文昌 9-2/9-3 生产的油气水混合。文昌 9-2/9-3 中心平台上油气分离处理分离出的凝析油和水混输去文昌 8-3 东平台，经过脱水和烃露点控制后的，满足香港供气要求的干气通过 33.4km 的海底管道利用水下三通接入崖城-香港输气管线给香港供气。

按照 25 年设计年限，考虑上部设施中物流流态复杂，添加缓蚀剂效率为 80%，根据模拟计算数据，新建平台设施选材如下：

① 测试分离器　碳钢内衬 316L。

② 高压分离器　碳钢内衬 316L。

③ 低压分离器　碳钢内衬 316L。

④ 缓冲罐　碳钢内衬 316L。

⑤ 湿气压缩机　碳钢内衬 316L。

⑥ 气体过滤分离器　碳钢内衬 316L。

⑦ 三甘醇脱水塔　碳钢内衬 316L。

⑧ 段塞流捕集器　碳钢内衬 316L。

气液分离主工艺管线及三甘醇脱水塔之前的湿气管线均需选用耐蚀合金（316 或双相不锈钢）；其余主工艺管线选用"碳钢＋腐蚀裕量"。

对于设施和管线考虑到设计年限期间各种因素的变化，为保证正常运行，应采用以下防腐措施：

① 选用碳钢时应考虑一定的内腐蚀裕量。

② 设置旁路式内腐蚀监测装置，位置的选择要考虑工艺流程及介质的腐蚀情况，以便全面了解设备及管线的内腐蚀状况。

③ 在使用不同的金属材料时，要采取必要的绝缘措施，防止电偶腐蚀的发生。

④ 管线保温要防止海水或湿气进入保温材料中，避免形成局部恶劣的腐蚀环境。

⑤ 对海水以及油气水处理流程的不同位置的设备，正确选择适当的防腐蚀材料。

4.6.2　水下生产系统防腐

文昌 10-3 和 10-3 西高点采用水下井口方案，设计寿命为 15 年。水下生产系统中气相 CO_2 含量约为 15.8%～18.27%（摩尔分数）。防腐需考虑的水下生产系统设施如下：

① A1 井至 PLEM 的跨接管。

② A2H 井至 PLEM 的跨接管。

③ PLEM。

PLEM 材料的选择等级为 HH，水下生产系统设施均考虑不锈钢。

水下生产系统介质为油气水三相。根据生产预测，投产初期含水量很小，后期增加，水下井口至 PLEM 的跨接管道长度约 50m，流体扰动程度严重，不利于缓蚀剂成膜。

根据腐蚀预测结果，4 条跨接管道及 PLEM 内腐蚀的风险较大，同时考虑水下设施维修难度大，费用高。PLEM 选材为 HH 级（不锈钢），跨接管道采用碳钢内衬 316L 不锈钢的方案，可不考虑内腐蚀裕量。

跨接管道及 PLEM 外防腐采用涂层与阴极保护联合保护的方法。外防腐涂层采用 3 层 PE 涂层系统，总厚度应不小于 3.1mm。

4.6.3　海底管道防腐

为保证海底管道的安全，应加强海底管道内腐蚀的监测和检测，应定期进行清管作业。定期对海底管道腐蚀情况进行评估，同时根据评估结果制定以后的检测评估计划和管理措施。

应定期获取如下数据或采取如下措施：

① 操作压力。

② 操作温度。

③ 油、气、水流量。

④ 气体组分（摩尔分数）：H_2S、CO_2、有机酸。

⑤ 地层水的成分（mg/L）。

⑥ 细菌分析；腐蚀挂片和腐蚀探头腐蚀数据和分析，腐蚀挂片照片。

⑦ 含砂情况。

⑧ 生产过程中在海底管道中加入的其他介质加入量及处理情况。

⑨ 如果输送介质成分、操作条件发生变化，应及时采取措施，主要包括：加强检测和监测、调整缓蚀剂（品种、用量和加入方法、加入点等）、进行内腐蚀监测及腐蚀评估等。

⑩ 根据投产后的实际生产情况，筛选缓蚀剂，采取合适的注入方法。

4.6.3.1　文昌 9-2/9-3 至文昌 8-3E 油水混输管道

文昌 9-2/9-3 至文昌 8-3E 油水混输管道设计年限为 25 年。由于本项目在物流进入海管前进入了操作压力为 100kPa 的凝析油缓冲罐，在 100kPa 条件下进行分气，之后再进入海管增压输送，因此计算海管内 CO_2 的分压按照分气的条件考虑。

根据预测结果，缓蚀剂效率按照 85% 考虑，25 年设计年限内，计算海管腐蚀余量（CA）为 1.11mm。因此本海底管道采用"碳钢＋缓蚀剂"方案，内腐蚀裕量按 3mm 考虑。缓蚀剂的选择及其加注，应保证对海底管道底部和顶部均有良好的缓蚀作用，保证设计寿命的要求，同时应根据实际操作条件和内腐蚀的监测及检测情况随时进行调整。

为保证海底管道的安全，应加强海底管道内腐蚀的监测和检测，在文昌 9-2/9-3 中心平台上文昌 9-2/9-3 至文昌 8-3E 油水混输管道入口处设置一套旁路式内腐蚀监测装置。应定期进行清管作业。定期对海底管道腐蚀情况进行评估，同时根据评估结果制定以后的检测评估计划和管理措施。

4.6.3.2　文昌 9-2/9-3 至崖城管道接入点干气输送管道

文昌 9-2/9-3 至崖城管道接入点干气输送管道设计年限为 25 年，输送介质为经过脱水和烃露点控制后的、满足香港供气要求的干气。本海底管道采用碳钢方案，内腐蚀裕量按 3mm 考虑。

4.7　文昌 9-2/9-3/10-3 气田群 HSE 技术及措施

4.7.1　安全技术及措施

为降低事故发生的潜在风险，必须严格把关海上平台的安全管理，包括：设备必须根据有关的 HSE 标准及规范进行设计、建造和安装；在设计和操作阶段必须考虑到事故发生的风险；在平台的设计和作业中考虑环境的危险；在设施的布置中考虑到防火/防爆；设计可靠的可燃气体探测系统、关断系统及火灾报警系统，并在操作中进行有效的维护；提供易接近和易维修的设备；必须提供足够的消防设备；为危险区作业制定书面的程序；为海上人员提供充分及时的培训，保证人员持证上岗；在操作过程中应加强检验及监测。

在文昌 9-2/9-3/10-3 气田群项目开发过程中，防范事故和减少伤害主要从以下几个方面考虑：

（1）仪控系统

① 文昌 9-2/9-3 综合平台

a. 中控系统方案　在中控室设置综合平台中央控制系统（CCS），包含过程控制系统（PCS）、应急关断系统（ESD）和火气监控系统（FGS）。

在中控室设置文昌 10-3 水下生产系统（SPS）的主控制站（MCS）及用于水下井口虚拟计量的计算机。

PCS 的 CPU、电源、通信模块、重要监控回路 I/O 卡件、数据通信总线均采用 1∶1 冗余。

人机界面包括 5 台双屏操作站，统一监控和管理中心平台的生产和安全，其中 2 台兼做工程师站用于组态。配置设备管理软件，对智能现场仪表的信息进行统一管理。此外，在中控室设置 ESD/FGS 应急操控盘，负责紧急情况的处理。配置 2 台互为备用的网络打印机用于生产报表打印和事件记录打印等。

水下生产系统的 MCS 独立于平台中控系统（CCS），MCS 与 CCS 二者通过硬线相互传递必需的紧急关断信号，其余生产信息通过控制网络传递。

b. 应急关断系统（ESD）　设置应急关断系统（ESD）的主要目的是保护平台人员和设施的安全，防止环境污染，将事故的损失限制到最低。

ESD 采用通过权威安全机构认证的安全仪表系统（SIS），满足 SIL3 的安全级别。此外，为进一步增强 ESD 的可用性，ESD 的电源模块、CPU 模块、通信模块、I/O 模块都采用 1∶1 冗余。

应急关断系统的设计应满足故障安全型系统的要求，同时应确保某一级别的关断指令只能启动本级别和所有较低级别的关断，而不能引起较高级别的关断。

c. 火气监控系统（FGS）　平台主 FGS 设置在中心平台中控室，采用经过 SIL3 认证的安全仪表系统。生活楼 FGS 设置在生活楼报房，选用可寻址火气专用系统。钻机模块设置独立的可寻址火气系统。中控室的主火气监控系统除了对平台区火气监控系统进行监控，应能够对生活楼和钻机模块专用的火气监控系统的状态进行监测。通过冗余的串行通信接口进行通信。

中心平台火气监控系统（FGS）由火气监控系统控制逻辑设备、火气现场探测、报警设备及其与消防系统、应急关断系统、报警系统、PA系统和HVAC系统的接口组成。

FGS具有自动探测火灾和可燃气体泄漏，自动/手动启动报警、消防系统，自动/手动执行火气状态应急关断逻辑，故障容错及对现场探测设备和系统进行诊断的功能。

现场火气探测、报警设备包括火焰探测器、热探测器、烟探测器、可燃气体探测器、手动报警站、平台状态灯等。根据现场生产设备情况的异同，进行合理布置：

ⅰ.井口区　设置可燃气体探测器、火焰探测器、易熔塞回路和手动报警站。

ⅱ.生产区　设置可燃气体探测器、火焰探测器和手动报警站。

ⅲ.公用区　设置可燃气体探测器、火焰探测器和手动报警站。

ⅳ.中控室及其他电气设备间　设置热探测器、烟探测器和手动报警站。

ⅴ.电池间　设置热探测器、氢气浓度探测器。

在人员较集中的处所及重要场所要设置平台状态灯。

FGS可启动平台PA广播系统的报警发生器，根据不同情况以不同音频通过PA广播系统向全平台发出火灾事故警报。

平台还设有现场仪表、井口控制盘及就地控制盘等相关配套设备。

② 文昌10-3水下生产系统　文昌10-3水下生产系统控制方式采用复合电液控制系统，通信方式采用电力线载波。

控制系统具体基本组成等可参见4.5.4.2节内容。

文昌9-2/9-3中心平台生产关断及以上级别关断信号经MCS送文昌10-3气田实施相应的关断并在MCS报警。该水下生产系统的应急关断系统作为文昌9-2/9-3中心平台ESD的单元关断，即ESD4级关断。

（2）消防系统　文昌9-2/9-3中心平台的消防系统包括消防泵、消防水喷淋系统、消防软管站、消防炮和泡沫浓缩液罐等，为油气工艺设备区、钻井区域、直升机坪提供保护。平台最大火区位于中层甲板 2 轴右侧的井口和工艺设备区域，消防水由 2 台排量为 500m³/h 的电动消防泵和 1 台排量为 1000m³/h 的柴油消防泵提供，在油气工艺设备区设置湿式环形水喷淋管网，并用海水保压。

文昌 9-2/9-3 中心平台上的主开关间、主变压器间、应急开关间、中控室、应急发电机间和电池间由七氟丙烷系统进行保护。中心平台总共设置 12 个 120L 的钢瓶，其中 6 瓶为备用。每个钢瓶的容积都为 120L，装有 97.2kg 的七氟丙烷，储藏压力不低于 4200kPa（G）（G 表示表压）。此外，每组钢瓶各需要 2 个氮气瓶作为启动气瓶。

在平台的各层甲板上至少设有两个消防软管站和足够数量的推车式灭火器、手提式干粉灭火器、泡沫灭火器、气体灭火器。

直升机坪根据规范设置相应的消防炮、手提式干粉灭火器、泡沫灭火器、CO_2 灭火器等消防设备，其中泡沫浓缩液罐储备量为 1.0m³。

在生活楼内各个房间配备足量的手提式灭火器。厨房内配备独立的湿粉灭火系统。在平台上根据规范配备足量的消防员装备等其他消防用品。

（3）逃救生系统　文昌 9-2/9-3 中心平台配备 2 艘 75 人/艘的全封闭耐火救生艇，其中一艘兼作救助艇，6 只 25 人/只的气胀式救生筏。此外平台上还应按规范要求留有足够的逃生通道，并分别配备足够数量的救生衣、救生圈、降落伞信号、烟雾信号和逃生软梯等其他救生设备。

4.7.2　环保技术及措施

在生产阶段，文昌 9-2/9-3/10-3 气田群开发工程的产污环节主要在生产作业区、平台生活区及作业船舶等。文昌 9-2/9-3 中心平台产生的污染物主要包括含油生产水、甲板冲洗水、生活污水、生活垃圾和少量生产垃圾。同时，生产期间的值班船和供应船等将产生一定量的船舶污染物，其污染物种类同建设阶段所产生的船舶污染物种类。

（1）生产污水处理　文昌 9-2/9-3/10-3 气田群的天然气与油水在文昌 9-2/9-3 中心平台分离后，油水利用已建海管进入文昌 FPSO（海洋

石油 116 号），最终在 FPSO 上进行处理，FPSO 生产水处理能力满足
需要。

FPSO 上含油生产水处理采用三级处理流程，即大舱沉降、水力旋
流器和脱气罐。根据近三年对 FPSO 含油生产水的监测情况，处理后含
油生产水石油类浓度月均值在 14～20mg/L 之间，满足《海洋石油勘探
开发污染物排放浓度限值》（GB 4914—2008）三级标准的要求。

（2）生活污水处理　文昌 9-2/9-3 中心平台上设有开/闭式排放系
统。开式排放罐主要用来收集、处理甲板雨水和冲洗水等液体。闭式排
放系统主要收集平台上带压容器、管线等排放出的带压流体，当达到一
定的液位时，由闭式排放泵将液体打回工艺系统进行处理。

生活污水的主要污染因子为 COD。考虑到操作稳定高效、节能平
台空间等因素，文昌 9-2/9-3 中心平台设置 1 套生活污水处理装置。处
理后的生活污水满足《海洋石油勘探开发污染物排放浓度限值》（GB
4914—2008）三级标准后排放。

4.7.3　职业卫生技术及措施

（1）噪声控制

① 控制噪声源　根据实际情况采取适当措施，控制或消除噪声源，
是从根本上解决噪声危害的一种方法。采用无声或低声设备代替强噪声
的设备，可收到良好效果。此外，设法提高机器制造的精度，尽量减少
机器部件的撞击和摩擦，减少机器的振动，也可以降低生产噪声。在进
行工作场所设计时，合理配置噪声源，将产生高噪声和低噪声的机器分
开，有利于减少噪声危害。

② 控制噪声的传播　采用吸声材料装饰在车间的内表面，如墙壁
或屋顶，或在工作场所内悬挂吸声体，吸收辐射和反射的声能，使噪声
强度降低。具有较好吸声效果的材料有玻璃棉、矿渣棉、棉絮等。在某
些特殊情况下，为了获得较好的吸声效果，常用的有阻性消声器、抗性
消声器，消声效果较好。在某些情况下，还可以利用一定的材料和装
置，将声源或将需要安静的场所封闭在一个较小的空间中，使其与周围
环境隔绝起来，如隔声室、隔声罩等。

为了防止通过固体传播的噪声，必须在机器或振动体的基础与地板、墙壁联系处设隔振或减振装置。

（2）生产性毒物职业病卫生防护措施　加强密闭通风，加强对生产设备的维护保养，防止有害气体外逸；建立管理制度和医疗保健制度；注意个人防护，佩戴性能良好的防护口罩。

加强油气处理等设备和油品的液相、气相等输送管道的密闭和维护，防止物料的跑、冒、滴、漏。选用耐腐蚀材料制造的管道。生产过程中，实行化学药剂加药过程的自动化和密闭化操作，加强对化学药剂使用和储存的管理，防止因化学药剂储存保管不善，引起毒物的泄漏。进行平台防腐时，尽量选用无苯、低苯的油漆代替苯浓度高的油漆，对接触毒物的作业工人应配备防毒口罩，防毒面具，防化学污染物的工作服、手套、眼镜、胶鞋等，并培训工人正确佩戴。

（3）粉尘防护措施

① 组织宣传　应派人分管防尘工作。加强宣传教育，制定卫生清扫制度，从组织制度上保证防尘工作经常化。

② 卫生保健措施　个人防护：给接触粉尘作业的工人定期发放防尘口罩，并督促其坚持使用。

（4）高温的职业病卫生防护措施　合理设计工艺流程，改进生产设备和操作方法，使工人远离热源，是改善高温作业劳动条件的根本措施。利用热导率小的材料进行隔热。做好通风降温工作，海上油（气）田作业环境中，以自然通风为主，且效果较好。

4.8　文昌 9-2/9-3/10-3 气田群节能技术及措施

文昌 9-2/9-3/10-3 气田群主要耗能设备包括燃气透平发电机组，干、湿气压缩机，低压气回收压缩机，空气压缩机，压井泵，海水提升泵，电动吊机等。

4.8.1 主要工艺流程采取的节能降耗措施

① 平台工艺流程充分利用地层的天然能量，合理确定分离器的操作压力和温度，以降低油气损失和耗电量，避免不必要的油气资源和电能的损耗。

② 根据项目特点，增设一套低压天然气回收压缩机系统，将缓冲罐分离出来的气体增压并冷却至 40℃ 后送入燃料气系统加以回收利用。多余的低压气利用压缩机增压至三甘醇脱水系统，进入主流程。从而有效避免了低压天然气的放空浪费，达到了保护环境与节能的双重效果。

4.8.2 集输系统的节能降耗措施

① 天然气处理和外输采用全密闭流程，生产分离器等工艺处理容器均设有液位、温度和压力自动监测报警及相应关断系统，保证运行的安全性。

② 充分利用干气外输系统中天然气的低温冷能和高温热能，通过换热装置与其他工质进行能量传递，减少平台能源消耗，实现能量的有效利用。

③ 平台产出物流经过工艺处理后，干气和凝析油水混合物分别采用海底管道全密闭输送工艺流程。通过精确工艺计算与方案对比，正确匹配管输压力和油气处理系统操作压力，使各平台间管线剩余压头全部得到有效利用，并完全消除油品呼吸损耗，节能降耗效果明显。

④ 本工程外输系统选用高效节能型的外输泵和高密闭性阀门等设备，确保各环节的实际运行泵效处于较高的水平，进一步降低运行能耗和减少输油损失。

4.8.3 电力系统的节能降耗措施

为了实现电网安全稳定、经济高效地运行，文昌 9-2/9-3 中心平台设置一套统一的能量管理系统（PMS）对全网进行实时自动监控和管理。该系统具备不同类型发电机组及电站并网运行、有功与无功分配和综合调度、热备用管理、负载管理与优先脱扣、并网/解列操作、大负载启动抑制、电网关键参数实时监控及电网安全性评测等功能。

4.8.4 公用系统的节能降耗措施

① 平台设置海水淡化系统，用于补充生产用淡水和生活用淡水，进一步降低了淡水资源的消耗。其中，淡水泵采用稳压罐设计，利用工厂风和压力水头给淡水管网提供压力，有效减少了淡水泵的启动次数，降低能耗。

② 空压机增加变频柜，采用变频启动模式，在下游用气量较大空压机频繁启动的情况下，有效降低能耗。

③ 海水泵增加正压补水装置，利用淡水冷却电机，减少了海水对电机的腐蚀，节约了维修成本。

4.8.5 能量计量

文昌 9-2/9-3/10-3 气田群开发项目计量器具配备情况详见表 4-3，电能表配备情况详见表 4-4。

表 4-3 文昌 9-2/9-3/10-3 气田群开发项目计量器具配备情况表

	分类	位置	数量	类型	备注	准确度等级
能耗和排放计量	柴油系统	柴油罐入口	1	超声波流量计	输入柴油总量	1.0
	柴油系统	压井泵柴油供给管线	1	超声波流量计	柴油消耗量	1.0
	柴油系统	柴油离心机出口	1	超声波流量计	柴油消耗量	1.0
	燃料气系统	高压燃料气加热器出口	1	涡轮流量计	燃料气消耗量	1.0
	燃料气系统	低压燃料气加热器出口	1	涡轮流量计	燃料气消耗量	1.0
	燃料气系统	高压火炬分液罐入口汇集管线	1	涡轮流量计	燃料气消耗量	1.0
	航空煤油系统	航煤过滤器出口	1	涡轮流量计	航空煤油消耗量	1.0
	透平发电机组	燃料气入口	2	涡轮流量计	单台电站耗气	1.0
	湿气压缩机	燃料气入口	2	涡轮流量计	单台压缩机耗气	1.0
	干气压缩机	燃料气入口	3	涡轮流量计	单台压缩机耗气	1.0
	高压火炬放空系统	火炬分液罐气相出口	1	超声波流量计	放空总量计量	0.5

分类		位置	数量	类型	备注	准确度等级
能耗和排放计量	低压火炬放空系统	闭排气相出口	1	超声波流量计	放空总量计量	0.5
	开式排放系统	进出开排沉箱	3	电磁流量计	排放计量	1.0
	开排和三甘醇再生系统	冷放空管线	1	超声波流量计	放空总量计量	1.0
	淡水系统	紫外线杀菌装置出口	1	电磁流量计	淡水消耗量	1.0
	生活污水处理装置	处理装置排放口	1	电磁流量计	污水处理装置排放总量计量	1.0
生产计量	外输天然气	海管入口	1	超声波流量计计量撬	外输气总量	0.5
	外输凝析油计量	缓冲罐出口	1	质量流量计	外输凝析油总量	0.5
	文昌9-2/9-3单井产气	测试分离器气相出口	1	超声波流量计	单井气量计量	1.0
	文昌9-2/9-3单井产油	测试分离器油相出口	1	质量流量计	单井油量计量	1.0
	文昌9-2/9-3单井产水	测试分离器水相出口	1	涡轮流量计	单井水量计量	1.0
	文昌10-3产气	段塞流捕集器气相出口	1	超声波流量计	水下井口产气量计量	1.0
	文昌10-3含水原油	段塞流捕集器液相出口	1	质量流量计	水下井口产液量计量	1.0
	化学药剂注入系统	每个注入点	15	转子流量计	每种化学药剂注入量(不包含水下生产系统流量计)	1.0

表4-4 文昌9-2/9-3/10-3气田群开发项目电能表配置情况

序号	设备编号	设备名称	设备输入功率/kW	有功电度表数量/个	准确度等级
1		主发电机出线开关	4100	2	2.0
2		应急发电机出线开并	1200	1	2.0
3		主变压器	2500kV·A	2	2.0
4	CEP-X-2811	低压气回收气压缩机	315	1	2.0
5	CEP-P-4001A/B	海水提升泵	400	2	2.0

序号	设备编号	设备名称	设备输入功率 /kW	有功电度 表数量/个	准确度 等级
6	CEP-X-2810	低压气回收气压缩机	630	1	20
7	CEP-H-4801	三甘醇再生器＋缓冲罐（内含电加热器）	180	1	2.0
8	CEP-P-4001C/D	海水提升泵	200	2	2.0
9	CEP-L-5401	电动吊机	360	1	2.0
10	CEP-TR-003/004	正常照明及小动力变压器	250kV·A	2	2.0
11	CEP-P-3202	压井泵	180	1	2.0
12	CEP-P-6001A/B	电动消防泵	315	2	2.0
13	CEP-ET-001	应急照明及小动力变压器	250kV·A	1	2.0
14	CEP-ET-002	电伴热变压器	200kV·A	1	2.0
15		钻机应急负荷	110	1	2.0
16	CEP-GTG-7001 A/B	燃气透平发电机组	130	2	2.0
17	LQ-AHU-5701C	生活楼空调调节装置	102	2	2.0
18		生活楼正常负荷	150	2	2.0
19		生活楼应急负荷	100	1	2.0

第 5 章
相关材料

 投产准备的验收指标

人员配备验收指标主要包括以下五方面：

（1）投产领导小组　投产领导小组信息如表 5-1 所示。

表 5-1　投产领导小组信息

岗位	责任人	备注
组长		
副组长		
成员		

（2）投产执行小组　投产执行小组信息如表 5-2 所示。

表 5-2　投产执行小组信息

岗位	责任人	备注
组长		
副组长		

岗位	责任人	备注
组员		
其他		

（3）生产作业人员　生产作业人员信息如表 5-3 所示。

表 5-3　生产作业人员信息

岗位名称	定编	实际到岗	备注
总监			
安全监督			
生产监督			
维修监督			
吊机操作工			
电气主操			
仪表师主操			
生产主操			
维修/操作人员			
医务人员			
化验工			
厨师			
其他			

（4）人员持证　人员持证信息如表 5-4 所示。

表 5-4　人员持证信息

类别	项目	应有数量	实际数量	备注
岗位资格证书	海上石油作业安全救生培训证书			
	健康证			
	岗位证书			
	司索指挥证			
	其他证书			

类别	项目	应有数量	实际数量	备注
特种作业操作资格证书	电工证			
	起重机械作业证书			
	焊工证			
	锅炉工岗位证			
	其他证书			

（5）人员培训、考核　人员培训、考核信息如表 5-5 所示。

表 5-5　人员培训、考核信息

培训/考核项目	通过人数	未通过人数	备注
岗位技能培训			
管理规定培训			
安全知识培训			

5.2 机械完工交验

（1）主发电机　主发电机检查项目如表 5-6 所示。

表 5-6　主发电机检查项目

项目	内容	交验情况		备注
		合格	不合格	
应交资料	1.厂家设计文件和图纸			
	2.第三方检验证书			
	3.质量合格证书			
	4.一年易损备件清单			
检查项目	1.总装结构与图纸相符,附属机件齐全,专用工具齐全			
	2.所供油、气、水满足规范要求			
	3.所有仪表标签齐全,并具相应有效标定证书			

项目	内　容	交验情况		备注
		合格	不合格	
检查项目	4.铭牌齐全,外观整洁良好,各部螺栓紧固可靠,各仪表、阀门功能良好,无锈蚀			
	5.确认系统管线安装完毕,管线压力及严密性试验合格			
	6.确认电器设备的可靠性,检查接线及接地线完好			
	7.发电机组及各附属设施外围空间便于操作维修			
	8.发电机组周围照明良好,便于操作维修			
	9.发电机组底座调平及发动机/发电机对中完成			
	10.调试大纲中规定的其他外观检查、回路检查、绝缘检查			
试验项目	1.模拟检测各报警、关断功能			
	2.运转中振动、噪声测量值满足设计要求			
	3.各电机、加热器等冷/热态绝缘检测满足设计要求			
	4.检查发电机加卸载功能满足设计要求,电压调整跟踪满足设计要求			
	5.检查发电机组的额定负荷试验及110%超负荷运转试验,满足设计要求			
	6.发电机组的调速性能达到设计要求			
	7.发电机组的超速、超负荷保护功能试验			
	8.发电机并车、负荷转移、负荷分配等功能满足设计要求			
	9.燃料切换功能试验,自动启动功能试验			燃料切换功能试验待投产后期完成
	10.高压电缆耐压试验			
	11.附属消防、火灾检测系统功能试验			
	12.记录主发电机组的各项运转参数			
	13.发电机温升满足设计要求			
	14.调试大纲中规定的其他测试项目			

（2）应急发电机　应急发电机检查项目如表5-7所示。

表 5-7　应急发电机检查项目

项目	内　　容	交验情况		备注
		合格	不合格	
应交资料	1.厂家设计文件和图纸			
	2.第三方检验证书			
	3.质量合格证书			
	4.一年易损备件清单			
检查项目	1.总装结构应与图纸相符,附属机件齐全,专用工具齐全			
	2.所供油、气、水满足规范要求			
	3.所有仪表标签齐全,并具相应有效标定证书			
	4.铭牌齐全,外观整洁良好,各部螺栓紧固可靠,各仪表、阀门功能良好,无锈蚀			
	5.确认系统管线安装完毕,管线试压及严密性试验合格			
	6.确认电器设备的可靠性,检查接线及接地线是否完好			
	7.发电机组及各附属设施外围空间应便于操作维修			
	8.发电机组周围应有足够的照明设施以便操作维修			
	9.检查发电机组底座调平及发电机与发动机对中情况			
	10.调试大纲中规定的其他外观检查、回路检查、绝缘检查			
试验项目	1.模拟试验各报警、关断功能			
	2.运转中振动、噪声测量值满足设计要求			
	3.各电机、加热器等冷/热态绝缘检测满足设计要求			
	4.检查发电机组加卸载功能是否满足设计要求,电压调整跟踪满足设计要求			
	5.检查发电机组的额定负荷试验及超负荷运转试验满足设计要求			

项 目	内　　容	交验情况		备注
		合格	不合格	
试验项目	6.发电机组的调速性能达到设计要求			
	7.发电机组的超速、超负荷保护功能试验满足设计要求			
	8.发电机组并车、负荷转移等功能满足设计要求			
	9.检查应急发电机在45s内能自动启动并正常供电			
	10.检查启动电瓶容量,至少应能连续成功启动6次			
	11.发电机温升应满足设计要求			
	12.调试大纲中规定的其他测试项目			

（3）高压配电系统　高压配电系统检查项目如表5-8所示。

表5-8　高压配电系统检查项目

项目	内　　容	交验情况		备注
		合格	不合格	
应交资料	1.厂家设计文件和图纸			
	2.第三方检验证书			
	3.质量合格证书			
	4.一年易损备件清单			
	5.操作、维修手册			
	6.单线图、详细设计图			
	7.控制原理图			
	8.时间-电流特性图			
	9.开关、保护继电器设定值清单			
	10.所有电气元件的制造厂家、型号、规格			
检查项目	1.设备铭牌检查			
	2.盘内外清洁,无异物			
	3.盘指示仪表检查			
	4.断路器与门的联锁检查(对照详细设计)			

项目	内　容	交验情况		备注
		合格	不合格	
检查项目	5.接触器及开关与门的联锁			
	6.PT、CT变比检查			
	7.相序及色标检查			
	8.接地检查(盘、电缆)			
	9.控制线完整性检查			
	10.动力电缆连接正确性检查			
	11.电气元件完好性检查			
	12.紧固件、连接件牢固			
	13.调试大纲中规定的其他外观检查、回路检查、绝缘检查			
试验项目	1.耐压试验满足设计要求			
	2.电缆绝缘电阻测量值>1MΩ			
	3.测量回路试验(仪表、状态指示灯等)			
	4.根据厂商文件进行保护功能试验(电流、欠压、联锁、接地、逆功率、差动)			
	5.系统逻辑控制回路功能试验(根据电气流程图)			
	6.MCC的功能试验			
	7.调试大纲中规定的其他测试项目			

（4）中压配电系统　中压配电系统检查项目如表5-9所示。

表5-9　中压配电系统检查项目

项目	内　容	交验情况		备注
		合格	不合格	
应交资料	1.厂家设计文件和图纸			
	2.第三方检验证书			
	3.质量合格证书			
	4.一年易损备件清单			
	5.操作、维修手册			
	6.单线图、详细设计图			

项目	内 容	交验情况		备注
		合格	不合格	
应交资料	7.控制原理图			
	8.时间-电流特性图			
	9.开关、保护继电器设定值清单			
	10.所有电气元件的制造厂家、型号、规格			
检查项目	1.设备铭牌检查			
	2.盘内外清洁,无异物			
	3.盘指示仪表检查			
	4.断路器与门的联锁检查(对照详细设计)			
	5.接触器及开关与门的联锁			
	6.PT、CT 变比检查			
	7.相序及色标检查			
	8.接地检查(盘、电缆)			
	9.控制线完整性检查			
	10.动力电缆连接正确性检查			
	11.电气元件完好性检查			
	12.紧固件、连接件牢固			
	13.调试大纲中规定的其他外观检查、回路检查、绝缘检查			
试验项目	1.耐压试验			
	2.电缆绝缘电阻测量值>1MΩ			
	3.测量回路试验(仪表、状态指示灯等)			
	4.根据厂商文件进行保护功能试验(电流、欠压、联锁、接地、逆功率、差动)			
	5.系统逻辑控制回路功能试验(根据电气流程图)			
	6.MCC 的功能试验			
	7.调试大纲中规定的其他测试项目			

（5）低压配电系统 低压配电系统检查项目如表 5-10 所示。

表 5-10　低压配电系统检查项目

项目	内　容	交验情况		备注
		合格	不合格	
应交资料	1.厂家设计文件和图纸			
	2.第三方检验证书			
	3.质量合格证书			
	4.一年易损备件清单			
	5.操作、维修手册			
	6.单线图、详细设计图			
	7.控制原理图			
	8.时间-电流特性图			
	9.开关、保护继电器设定值清单			
	10.所有电气元件的制造厂家、型号、规格			
检查项目	1.铭牌检查			
	2.涂漆检查			
	3.电气元件完好性检查			
	4.接地检查			
	5.盘内外清洁,无异物			
	6.MCC 互换性检查			
	7.控制电缆连接正确性检查			
	8.动力电缆连接正确性检查			
	9.相序检查			
	10.紧固件、连接件检查			
	11.调试大纲中规定的其他外观检查、回路检查、绝缘检查			
试验项目	1.耐压试验			
	2.电气元件的功能试验(开关、继电器、启动器)			
	3.联锁试验			
	4.根据厂商文件进行保护功能试验(欠压、电流、热保护)			
	5.电缆绝缘电阻测量值$>1M\Omega$			
	6.系统功能试验(按设计的电气流程图)			
	7.调试大纲中规定的其他测试项目			

海上新开发油气田生产准备良好作业实践

（6）主变压器　主变压器检查项目如表5-11所示。

表 5-11　主变压器检查项目

项目	内　容	交验情况		备注
		合格	不合格	
应交资料	1.厂家设计文件和图纸			
	2.第三方检验证书			
	3.质量合格证书			
	4.一年易损备件清单			
	5.操作、维修手册			
	6.单线图、详细设计图			
	7.控制原理图			
	8.所有电气元件的制造厂家、型号、规格			
检查项目	1.铭牌检查、整体密封检查（油变）			
	2.涂漆检查			
	3.电气元件完好性检查			
	4.接地检查			
	5.设备清洁性检查			
	6.电路检查			
	7.控制电缆连接正确性检查			
	8.动力电缆连接正确性检查			
	9.相序检查			
	10.紧固件、连接件检查			
	11.储油柜与充油套管油位（油浸变压器）检查			
	12.调试大纲中规定的其他外观检查、回路检查、绝缘检查			
试验项目	1.绝缘电阻检测、耐压试验			
	2.附属设备的功能试验			
	3.变压器空载测试			
	4.变压器负荷测试			
	5.变压器负荷突加、突减测试			
	6.根据厂商文件进行保护功能试验（欠压、电流、热保护等）			

项目	内　容	交验情况		备注
		合格	不合格	
试验项目	7.温度测量系统测试			
	8.变压器并列运行测试（如果有）			
	9.调试大纲中规定的其他测试项目			

（7）UPS 系统　UPS 系统检查项目如表 5-12 所示。

表 5-12　UPS 系统检查项目

项目	内　容	交验情况		备注
		合格	不合格	
应交资料	1.厂家设计文件和图纸			
	2.第三方检验证书			
	3.质量合格证书			
	4.一年易损备件清单			
	5.操作、维修手册			
	6.单线图、详细设计图			
	7.控制原理图			
	8.所有电气元件的制造厂家、型号、规格			
	9.开关、保护继电器设定值清单			
检查项目	1.铭牌检查			
	2.涂漆检查			
	3.电气元件完好性检查			
	4.接地检查			
	5.盘清洁性检查			
	6.电路检查			
	7.控制电缆连接正确性检查			
	8.动力电缆连接正确性检查			
	9.相序检查			
	10.紧固件、连接件检查			
	11.调试大纲中规定的其他外观检查、回路检查、绝缘检查			

项目	内　容	交验情况		备注
		合格	不合格	
试验项目	1.耐压试验			
	2.电气元件的功能试验(开关、继电器、启动器)			
	3.联锁试验			
	4.根据厂商文件进行保护功能试验(欠压、电流、热保护)			
	5.绝缘电阻检测			
	6.系统功能试验(按设计的电气流程图)			
	7.调试大纲中规定的其他测试项目			

（8）原油处理系统

①分离器　分离器检查项目如表 5-13 所示。

表 5-13　分离器检查项目

项目	内　容	交验情况		备注
		合格	不合格	
应交资料	1.厂家设计文件和图纸			
	2.第三方检验证书			
	3.压力容器使用证书			陆上终端设备
	4.质量合格证书			
	5.一年易损备件清单			
	6.操作维修手册			
	7.机械完工后最新版 P&ID			
检查项目	1.确认总装结构与图纸相符,附属机件齐全,设备底座与甲板焊接符合要求			
	2.确认所有现场仪表标签齐全,并具相应有效标定证书			
	3.容器开罐检查			
	4.电伴热、保温检查			
	5.接地检查			
	6.确认铭牌齐全,外观整洁良好,各部螺栓坚固可靠,各种仪表、管件及阀门安装正确,性能良好,无锈蚀			

项目	内 容	交验情况		备注
		合格	不合格	
检查项目	7.确认系统管线安装完毕,管线试压、严密性及吹扫试验合格,管线支(吊)架安装合理、牢固			
	8.确认电气设备的可靠性、防爆和防护等级满足规范要求,接地线符合要求			
	9.调试大纲中规定的其他检查项目			
试验项目	1.模拟检测液位和压力报警、关断功能			
	2.模拟检测压力和液位调节阀的功能			
	3.调试大纲中规定的其他试验项目			

②电脱水器　电脱水器检查项目如表 5-14 所示。

表 5-14　电脱水器检查项目

项目	内 容	交验情况		备注
		合格	不合格	
应交资料	1.厂家设计文件和图纸			
	2.第三方检验证书			
	3.质量合格证书			
	4.一年易损备件清单			
	5.操作维修手册			
	6.机械完工后最新版 P&ID			
检查项目	1.确认总装结构与图纸相符,附属机件齐全,设备底座与甲板焊接符合要求			
	2.确认所有现场仪表标签齐全,并具相应有效标定证书			
	3.容器开罐检查			
	4.电伴热、保温检查			
	5.接地检查			
	6.确认铭牌齐全,外观整洁良好,各部螺栓坚固可靠,各种仪表、管件及阀门安装正确,性能良好,无锈蚀			
	7.确认系统管线安装完毕,管线试压、严密性及吹扫试验合格,管线支(吊)架安装合理、牢固			

项目	内　容	交验情况		备注
		合格	不合格	
检查项目	8.确认电气设备的可靠性,防爆和防护等级满足规范要求,接地线符合要求			
	9.确认电脱水器变压器、现场控制盘及电极状态正常,铭牌数据与设计图纸相符			
	10.确认现场启/停按钮功能正常			
	11.对照设计图纸,确认供电电源、电路连接可靠无误			
	12.调试大纲中规定的其他检查项目			
试验项目	1.模拟检测液位和压力报警、关断功能			
	2.模拟检测液位调节阀的功能			
	3.变压器性能测试			
	4.调试大纲中规定的其他试验项目			

③换热器　换热器检查项目如表 5-15 所示。

表 5-15　换热器检查项目

项目	内　容	交验情况		备注
		合格	不合格	
应交资料	1.厂家设计文件和图纸			
	2.第三方检验证书			
	3.出厂质量合格证书			
	4.一年易损备件清单			
	5.操作维修手册			
	6.机械完工后最新版 P&ID			
检查项目	1.总装结构应与图纸相符,附属机件齐全,设备底座与甲板焊接符合要求			
	2.所有现场仪表标签齐全,并具相应有效标定证书			
	3.铭牌齐全,外观整洁良好,各部螺栓坚固可靠,各仪表、管件及阀门性能良好,无锈蚀			
	4.确认系统管线安装完毕,管线试压、严密性及吹扫试验合格,管线支(吊)架安装合理、牢固			

项目	内 容	交验情况		备注
		合格	不合格	
检查项目	5.确认电气设备的可靠性,防爆和防护等级满足规范要求,接地线符合要求			
	6.调试大纲中规定的其他检查项目			
试验项目	1.模拟检测温度报警、关断功能			
	2.模拟检测温度调节阀功能			
	3.调试大纲中规定的其他试验项目			

④电加热器　电加热器检查项目如表 5-16 所示。

表 5-16　电加热器检查项目

项目	内 容	交验情况		备注
		合格	不合格	
应交资料	1.厂家设计文件和图纸			
	2.第三方检验证书			
	3.质量合格证书			
	4.一年易损备件清单			
	5.操作维修手册			
	6.机械完工后最新版 P&ID			
检查项目	1.确认总装结构与图纸相符,附属机件齐全,设备底座与甲板焊接符合要求			
	2.确认所有现场仪表标签齐全,并具相应有效标定证书			
	3.确认铭牌齐全,外观整洁良好,各部螺栓坚固可靠,各种仪表、管件及阀门安装正确,性能良好,无锈蚀			
	4.确认系统管线安装完毕,管线试压、严密性及吹扫试验合格,管线支(吊)架安装合理、牢固			
	5.确认电气设备的可靠性,防爆和防护等级满足规范要求,接地线符合要求			
	6.确认电加热器现场控制盘状态正常,铭牌数据与设计图纸相符			
	7.确认现场启/停按钮功能正常			

项目	内　容	交验情况		备注
		合格	不合格	
检查项目	8.对照设计图纸,确认供电电源、电路连接可靠无误			
	9.调试大纲中规定的其他检查项目			
试验项目	1.模拟检测液位和压力报警、关断功能			
	2.模拟检测液位调节阀的功能			
	3.变压器性能测试			
	4.调试大纲中规定的其他试验项目			

（9）天然气处理系统

①天然气压缩机　天然气压缩机检查项目如表5-17所示。

表 5-17　天然气压缩机检查项目

项目	内　容	交验情况		备注
		合格	不合格	
应交资料	1.厂家设计文件和图纸			
	2.维护保养使用说明书			
	3.第三方检验证书			
	4.质量合格证书			
	5.操作维修手册			
	6.机械完工后最新版 P&ID			
检查项目	1.确认总装结构应与图纸相符,附属机件齐全,专用工具齐全,设备底座与甲板焊接、连接符合要求			
	2.检查所有润滑油满足规范要求,润滑油油位正常			
	3.确认所有仪表标签齐全,并具相应有效标定证书			
	4.确认铭牌齐全,外观整洁良好,各部螺栓坚固可靠,各仪表、阀门性能良好,无锈蚀			
	5.确认系统管线安装完毕,管线试压及严密性试验合格			
	6.确认电气设备的可靠性,检查接线及接地线			

项目	内　容	交验情况		备注
		合格	不合格	
检查项目	7.原动机部分检查			
	8.确认撬内外及周围应有足够空间便于操作维修			
	9.确认外围管线对机体无附加作用力			
	10.检查原动机与压缩机对中情况应满足规范要求			
	11.各仪表指示正常,功能良好			
	12.调试大纲中规定的其他检查项目			
试验项目	1.模拟检测各报警、关断功能			
	2.运转中振动、噪声测量值应满足规范要求			
	3.各电机、加热器等冷/热态绝缘检测			
	4.自动加卸载功能检测			
	5.检查气量调节功能满足设计要求,旁通调节阀工作正常			
	6.检查润滑油系统功能			
	7.压缩机的运转性能(额定工况下)应满足设计要求			具备条件时进行
	8.调试大纲中规定的其他试验项目			

②膨胀机　膨胀机检查项目如表5-18所示。

表 5-18　膨胀机检查项目

项目	内　容	交验情况		备注
		合格	不合格	
应交资料	1.厂家文件和图纸			
	2.使用说明书			
	3.第三方检验证书			
	4.质量合格证书			
	5.一年易损备件清单			
	6.操作维修手册			

项目	内　容	交验情况		备注
		合格	不合格	
检查项目	1.总装结构应与图纸相符,附属机件齐全,专用工具齐全			
	2.油、气、水等公用系统满足设计要求			
	3.所有仪表标签齐全,并具相应有效标定证书			
	4.铭牌齐全,外观整洁完好,各部螺栓紧固可靠,各仪表、阀门性能良好,无锈蚀			
	5.系统管线安装完毕、管线试压及严密性试验合格			
	6.电气设备接线正确,绝缘满足设计要求			
	7.机组底座调平及膨胀机对中满足厂商技术要求			
	8.手动盘车灵活,无阻碍现象			
试验项目	1.各报警、关断功能正常			
	2.运转中振动、噪声测量值满足设计要求			
	3.密封气温度、压力、流量满足设计要求			
	4.润滑油温度、压力、流量正常			
	5.前后轴承温度正常			
	6.膨胀机入口过滤器压差正常			
	7.膨胀机入口/出口压力、温度正常			
	8.调试大纲中规定的其他试验项目			

③三甘醇脱水系统　三甘醇脱水系统检查项目如表5-19所示。

表5-19　三甘醇脱水系统检查项目

项目	内　容	交验情况		备注
		合格	不合格	
应交资料	1.厂家设计文件和图纸			
	2.第三方检验证书			
	3.质量合格证书			
	4.一年易损备件清单			
	5.操作维修手册			
	6.机械完工后最新版 P&ID			

项目	内　容	交验情况		备注
		合格	不合格	
检查项目	1.总装结构应与图纸相符,附属机件齐全,设备底座与甲板焊接、连接符合要求			
	2.确认专用工具齐全			
	3.所有仪表标签齐全,并具相应有效标定证书			
	4.铭牌齐全,外观整洁良好,各部螺栓坚固可靠,各仪表、管件及阀门性能良好,无锈蚀			
	5.确认系统管汇安装完毕,管线试压及严密性试验合格			
	6.确认电气设备的可靠性,接地线符合要求			
	7.调试大纲中规定的其他检查项目			
试验项目	1.模拟试验压力、液位报警、关断功能			
	2.三甘醇循环泵功能测试			
	3.露点分析仪工作测试正常,处理后的天然气的露点应满足设计要求			投产后具备条件时进行
	4.再生系统功能测试正常			投产后具备条件时进行
	5.调试大纲中规定的其他试验项目			

④天然气脱酸气系统　天然气脱酸气系统检查项目如表 5-20 所示。

表 5-20　天然气脱酸气系统检查项目

项目	内　容	交验情况		备注
		合格	不合格	
应交资料	1.厂家文件和图纸			
	2.第三方检验证书			
	3.质量合格证书			
	4.一年易损备件清单			
	5.机械完工后最新版 P&ID			
检查项目	1.总装结构应与图纸相符,附属机件及专用工具齐全			
	2.所有仪表标签齐全,并具相应有效标定证书			

项目	内 容	交验情况		备注
		合格	不合格	
检查项目	3.铭牌齐全,外观整洁良好,各部螺栓坚固可靠,各仪表、阀门性能良好,无锈蚀			
	4.确认系统管线安装完毕,管线试压及严密性试验合格			
	5.确认电气设备的可靠性,接线和接地线符合要求			
	6.确认管线和设备或容器的材质符合设计要求			
试验项目	1.模拟检测各报警、关断功能			
	2.调试大纲中规定的其他试验项目			

（10）生产水处理系统

①水力旋流器　水力旋流器检查项目如表5-21所示。

表 5-21　水力旋流器检查项目

项目	内 容	交验情况		备注
		合格	不合格	
应交资料	1.厂家设计文件和图纸			
	2.第三方检验证书			
	3.质量合格证书			
	4.一年易损备件清单			
	5.操作维修手册			
	6.机械完工后最新版 P&ID			
检查项目	1.总装结构应与图纸相符,附属机件及专用工具齐全,设备底座与甲板焊接、连接符合要求			
	2.所有仪表标签齐全,并具相应有效标定证书			
	3.铭牌齐全,外观整洁良好,各部螺栓坚固可靠,各仪表、管件及阀门性能良好,无锈蚀			
	4.确认系统管线安装完毕,管线试压、吹扫及严密性试验合格			
	5.调试大纲中规定的其他检查项目			

项目	内　容	交验情况		备注
		合格	不合格	
试验项目	1.模拟试验差压变送器和油、水出口调节阀功能			
	2.调试大纲中规定的其他试验项目			

②斜板除油器　斜板除油器检查项目如表5-22所示。

表5-22　斜板除油器检查项目

项目	内　容	交验情况		备注
		合格	不合格	
应交资料	1.厂家文件和图纸			
	2.第三方检验证书			
	3.质量合格证书			
	4.一年易损备件清单			
	5.机械完工后最新版P&ID			
检查项目	1.总装结构应与图纸相符,附属机件齐全			
	2.所有仪表标签齐全,并具相应有效标定证书			
	3.铭牌齐全,外观整洁良好,各部螺栓坚固可靠,各仪表、阀门性能良好,无锈蚀			
	4.确认撬内管线安装完毕,管线试压及严密性试验合格			
	5.确认电气设备的可靠性,接线和接地线符合要求			
	6.调试大纲中规定的其他检查项目			
试验项目	1.模拟检测各报警、关断功能			
	2.液位调节阀功能测试			
	3.调试大纲中规定的其他试验项目			

③气浮选除油器　气浮选除油器检查项目如表5-23所示。

表 5-23 气浮选除油器检查项目

项目	内 容	交验情况		备注
		合格	不合格	
应交资料	1.厂家文件和图纸			
	2.第三方检验证书			
	3.质量合格证书			
	4.一年易损备件清单			
	5.机械完工后最新版 P&ID			
检查项目	1.总装结构应与图纸相符,附属机件齐全			
	2.所有仪表标签齐全,并具相应有效标定证书			
	3.铭牌齐全,外观整洁良好,各部螺栓坚固可靠,各仪表、阀门性能良好,无锈蚀			
	4.确认系统管线安装完毕,管线试压及严密性试验合格			
	5.确认电气设备的可靠性,接线和接地线符合要求			
	6.调试大纲中规定的其他检查项目			
试验项目	1.模拟试验各报警、关断功能			
	2.回流泵功能测试			
	3.调试大纲中规定的其他试验项目			

④过滤器 过滤器检查项目如表 5-24 所示。

表 5-24 过滤器检查项目

项目	内 容	交验情况		备注
		合格	不合格	
应交资料	1.厂家文件和图纸			
	2.第三方检验证书			
	3.质量合格证书			
	4.一年易损备件清单			
	5.操作维修手册			
	6.机械完工后最新版 P&ID			

项目	内容	交验情况		备注
		合格	不合格	
检查项目	1.总装结构应与图纸相符,附属机件及专用工具齐全,设备底座与甲板焊接、连接符合要求			
	2.所有仪表标签齐全,并具相应有效标定证书			
	3.铭牌齐全,外观整洁良好,各部螺栓坚固可靠,各仪表、管件及阀门性能良好,无锈蚀			
	4.确认系统管线安装完毕,管线试压、吹扫及严密性试验合格			
	5.确认滤料充填正确			
	6.确认电气设备的可靠性,接线和接地线符合要求			
	7.调试大纲中规定的其他检查项目			
试验项目	1.模拟试验反冲洗功能			
	2.检查电器设备绝缘性能满足设计要求			
	3.处理后污水含油指标满足设计要求			投产后检测
	4.调试大纲中规定的其他试验项目			

（11）燃料气系统

①燃料气压缩机　燃料气压缩机检查项目如表 5-25 所示。

表 5-25　燃料气压缩机检查项目

项目	内容	交验情况		备注
		合格	不合格	
应交资料	1.厂家文件和图纸			
	2.维护保养使用说明书			
	3.第三方检验证书			
	4.质量合格证书			
	5.操作维修手册			
	6.机械完工后最新版 P&ID			

项目	内　容	交验情况		备注
		合格	不合格	
检查项目	1.确认总装结构应与图纸相符,附属机件齐全,专用工具齐全			
	2.检查所有润滑油满足规范要求,润滑油油位正常			
	3.确认所有仪表标签齐全,并具相应有效标定证书			
	4.确认铭牌齐全,外观整洁良好,各部螺栓坚固可靠,各仪表、阀门性能良好,无锈蚀			
	5.确认系统管线安装完毕,管线试压及严密性试验合格			
	6.确认电气设备的可靠性,检查接线及接地线			
	7.确认撬内外及周围应有足够空间便于操作维修			
	8.确认外围管线对机体无附加作用力			
	9.检查电机与压缩机轴对中情况应满足规范要求			
	10.各仪表指示正常,功能良好			
	11.调试大纲中规定的其他检查项目			
试验项目	1.模拟试验各报警、关断功能			
	2.运转中振动、噪声测量值应满足规范要求			
	3.各电机、加热器等冷/热态绝缘检测			
	4.自动加卸载功能检测			
	5.检查气量调节功能满足设计要求,旁通调节阀工作正常			
	6.检查滑油系统的运转功能			
	7.压缩机的运转性能(额定工况下)应满足设计要求			投产后具备条件进行
	8.调试大纲中规定的其他试验项目			

②燃料气涤气罐/加热器/过滤器　燃料气涤气罐/加热器/过滤器检查项目如表5-26所示。

表 5-26　燃料气涤气罐/加热器/过滤器检查项目

项目	内　　容	交验情况		备注
		合格	不合格	
应交资料	1.厂家文件和图纸			
	2.第三方检验证书			
	3.质量合格证书			
	4.一年易损备件清单			
	5.操作维修手册			
	6.机械完工后最新版 P&ID			
检查项目	1.总装结构应与图纸相符,附属机件齐全			
	2.所有仪表标签齐全,并具相应有效标定证书			
	3.铭牌齐全,外观整洁良好,各部螺栓坚固可靠,各仪表、阀门性能良好,无锈蚀			
	4.确认系统管汇安装完毕,管线试压及严密性试验合格			
	5.确认电气设备的可靠性,接线和接地符合要求			
	6.调试大纲中规定的其他检查项目			
试验项目	1.模拟试验各报警、关断功能			
	2.调试大纲中规定的其他试验项目			

（12）热介质锅炉及供热系统　热介质锅炉及供热系统检查项目如表 5-27 所示。

表 5-27　热介质锅炉及供热系统检查项目

项目	内　　容	交验情况		备注
		合格	不合格	
应交资料	1.完工设计文件			
	2.操作维修手册			
	3.使用说明书			
	4.第三方检验证书			
	5.质量合格证书			
	6.锅炉压力容器使用证			陆上终端

项目	内 容	交验情况		备注
		合格	不合格	
应交资料	7.一年易损备件清单			
	8.撬内仪表/安全阀标定证书			
	9.出厂试验报告、检测报告			
检查项目	1.总装结构与完工图纸相符,设备安装满足供货商技术要求,附属系统/设备调试完成,备品/备件、专用工具齐全			
	2.所有仪表/阀门标签齐全,并具相应有效标定证书			
	3.铭牌齐全,安全警告标示清晰齐全,外部螺栓紧固可靠,各仪表、阀门功能良好,无锈蚀			
	4.系统管路安装完毕,管线试压及严密性试验合格			
	5.电气/仪表接线牢固可靠,完成测试并达到供电状态			
	6.柴油、天然气等燃料合格,并达到供油、供气状态			
	7.完成热介质循环驱气、除湿及脱水操作,并达到厂商技术要求			
	8.火气探测、消防系统调试完成,并达到正常工作状态			
	9.调试大纲中规定的其他检查项目			
试验项目	1.各种报警、关断功能以及与中控通信功能模拟试验正常			
	2.各种电机、加热器等电器设备冷/热态绝缘满足设计要求			
	3.负荷及温度调整功能平稳、准确			
	4.尾气含氧量<5%			
	5.燃油/燃气切换功能正常			投产后检查
	6.调试大纲中规定的其他试验项目			

（13）泵类

①注水泵　注水泵检查项目如表 5-28 所示。

表 5-28 注水泵检查项目

项目	内 容	交验情况		备注
		合格	不合格	
应交资料	1.厂家文件和图纸			
	2.使用说明书			
	3.第三方检验证书			
	4.质量合格证书			
	5.一年易损备件清单			
	6.操作维修手册			
	7.机械完工后最新版 P&ID			
检查项目	1.总装结构应与图纸相符,附属机件齐全			
	2.润滑油、润滑脂性能符合设计要求,油位正常			
	3.附属仪表标签齐全,并具相应有效标定证书			
	4.铭牌齐全,外观整洁良好,各部螺栓坚固可靠,各仪表、阀门性能良好,无锈蚀			
	5.确认系统管汇安装完毕,管线试压及严密性试验合格			
	6.确认电气设备的可靠性,检查接线及接地线			
	7.检查机座调平状况及联轴器对中情况是否满足要求			
	8.调试大纲中规定的其他检查项目			
试验项目	1.运转中振动、噪声测量值符合规范要求			
	2.各电机、电加热器等冷/热态绝缘检测满足要求			
	3.泵的运转性能满足流量/压头曲线要求			
	4.模拟试验各项报警、关断功能			
	5.泵在设计工况下的运转时间不小于 2h			
	6.检查泵轴承温度<75℃			
	7.调试大纲中规定的其他试验项目			

②外输泵 外输泵检查项目如表 5-29 所示。

表 5-29　外输泵检查项目

项目	内 容	交验情况		备注
		合格	不合格	
应交资料	1.厂家文件和图纸			
	2.使用说明书			
	3.第三方检验证书			
	4.质量合格证书			
	5.一年易损备件清单			
	6.机械完工后最新版 P&ID			
检查项目	1.总装结构应与图纸相符,附属机件齐全			
	2.润滑油、润滑脂性能符合设计要求,油位正常			
	3.附属仪表标签齐全,并具相应有效标定证书			
	4.铭牌齐全,外观整洁良好,各部螺栓坚固可靠,各仪表、阀门性能良好,无锈蚀			
	5.确认系统管汇安装完毕,管线试压及严密性试验合格			
	6.确认电气设备的可靠性,检查接线及接地线			
	7.检查机座调平状况及联轴器对中情况是否满足要求			
	8.调试大纲中规定的其他检查项目			
试验项目	1.运转中振动、噪声测量值符合规范要求			
	2.各电机、电加热器等冷/热态绝缘检测			
	3.机械密封泄漏量满足设计文件要求			
	4.模拟检测各项报警、关断功能			
	5.泵在设计工况下的全负荷运转时间不小于 2h			
	6.检查泵轴承温度<75℃			
	7.调试大纲中规定的其他试验项目			

③海水提升泵(潜水泵)　海水提升泵(潜水泵)检查项目如表5-30 所示。

表 5-30   海水提升泵（潜水泵）检查项目

项目	内 容	交验情况		备注
		合格	不合格	
应交资料	1.厂家文件和图纸			
	2.使用说明书			
	3.第三方检验证书			
	4.质量合格证书			
	5.一年易损备件清单			
	6.操作维修手册			
检查项目	1.总装结构应与图纸相符,附属机件齐全,专用工具齐全			
	2.润滑油、润滑脂规格符合厂家技术要求			
	3.出口管线安装完毕,试压合格			
	4.铭牌齐全,外观整洁完好,各部螺栓紧固可靠			
	5.防海生物装置工作正常,电解液满足设计要求			
	6.电气设备接线正确,绝缘满足设计要求			
	7.泵支座安装牢固,泵护管支撑牢固可靠			
试验项目	1.各报警、关断功能正常			
	2.泵起动性能正常			
	3.运转中振动、噪声测量值满足设计要求			
	4.电器绝缘满足设计要求			
	5.泵出口压力(甲板处)满足设计要求			
	6.调试大纲中规定的其他试验项目			

④往复泵　往复泵检查项目如表 5-31 所示。

表 5-31   往复泵检查项目

项目	内 容	交验情况		备注
		合格	不合格	
应交资料	1.厂家文件和图纸			
	2.使用说明书			
	3.第三方检验证书			

项目	内 容	交验情况		备注
		合格	不合格	
应交资料	4.质量合格证书			
	5.一年易损备件清单			
	6.操作维修手册			
检查项目	1.总装结构应与图纸相符,附属机件齐全,专用工具齐全			
	2.润滑油、润滑脂规格符合厂家技术要求,润滑油液位正常			
	3.附属仪表标签齐全,并具相应有效标定证书			
	4.管线安装完毕,试压合格			
	5.铭牌齐全,外观整洁完好,各部件螺栓紧固可靠			
	6.进出口缓冲器压力满足厂商技术要求			
	7.电气设备接线正确,绝缘满足设计要求			
	8.泵底座安装牢固,水平度满足厂商技术要求			
	9.手动盘车灵活,联轴器对中满足厂商技术要求			
试验项目	1.各报警、关断功能正常			
	2.泵启动正常,启动电流满足设计要求			
	3.泵进出口流量稳定,波动峰值在设计规定范围内			
	4.泵出口压力满足设计要求,安全阀工作正常			
	5.泵轴承温度、电机温升满足设计要求			
	6.运转中振动、噪声测量值满足设计要求			
	7.电器绝缘满足设计要求			
	8.泵出口压力满足设计要求			
	9.调试大纲中规定的其他试验项目			

⑤螺杆泵 螺杆泵检查项目如表5-32所示。

表 5-32　螺杆泵检查项目

项目	内　容	交验情况		备注
		合格	不合格	
应交资料	1.厂家文件和图纸			
	2.使用说明书			
	3.第三方检验证书			
	4.质量合格证书			
	5.一年易损备件清单			
	6.操作维修手册			
检查项目	1.总装结构应与图纸相符,附属机件齐全,专用工具齐全			
	2.润滑油、润滑脂规格符合厂家技术要求,润滑油液位正常			
	3.附属仪表标签齐全,并具相应有效标定证书			
	4.管线安装完毕,试压合格			
	5.铭牌齐全,外观整洁完好,各部件螺栓紧固可靠			
	6.电气设备接线正确,绝缘满足设计要求			
	7.泵底座安装牢固,水平度满足厂商技术要求			
	8.手动盘车灵活,联轴器对中满足厂商技术要求			
试验项目	1.各报警、关断功能正常			
	2.泵启动正常,启动电流满足设计要求			
	3.泵进出口压力满足设计要求,安全阀工作正常			
	4.泵轴承温度、电机温升满足设计要求			
	5.运转中振动、噪声测量值满足设计要求			
	6.电器绝缘满足设计要求			
	7.调试大纲中规定的其他试验项目			

（14）吊机　吊机检查项目如表 5-33 所示。

表 5-33　吊机检查项目

项目	内 容	交验情况		备注
		合格	不合格	
应交资料	1.厂家设计文件和图纸			
	2.操作维修手册			
	3.使用说明书			
	4.出厂试验报告、检测报告			
	5.仪表/安全阀标定证书			
	6.1年易损备件清单			
	7.质量合格证书			
	8.第三方检验证书			
	9.电气/仪表设备防爆证书			
	10.设备安装检验、检测报告			
	11.船用产品证书			
检查项目	1.总装结构与完工图纸相符,设备安装满足供货商技术要求,备品/备件、专用工具齐全			
	2.铭牌齐全,安全警告标示清晰齐全,全部螺栓紧固可靠			
	3.所有仪表/阀门标签齐全,并具相应有效标定证书			
	4.液压系统管路安装检查完毕			
	5.起升、变幅系统穿绳正确、运行平稳、无跳绳、脱绳现象			
	6.各种安全装置(刹车系统、负荷指示系统、液压油压力/液位低报警、起升/变幅/回转限位装置、紧急停车装置、变幅指示等)正常			
	7.底座安装 NDT 检验合格,满足设计要求			
	8.吊机障碍灯、吊臂泛光灯、驾驶室内外照灯等照明器材功能良好			
	9.回转主轴承、油泵等安装满足设计要求			
	10.调试大纲中规定的其他检查项目			
试验项目	1.各报警、限位功能模拟试验正常			
	2.各电机、电加热器冷/热态绝缘检查满足要求			
	3.起升、变幅、回转限位保护功能正常			

项目	内 容	交验情况		备注
		合格	不合格	
试验项目	4.变幅范围、吊钩行程满足设计要求			
	5.变幅、起升、回转速度(空载、满载)满足设计要求			
	6.应急停车、失电、液压系统欠压保护试验(负载)正常			
	7.100%SWL、125%SWL负荷吊重试验条件下,吊机各项运行参数(压力、温升、报警、驱动装置等)正常,负荷试验后底座焊缝MT检验合格			
	8.各限位应急关断保护功能试验			
	9.应急负荷释放功能试验			
	10.运转噪声、振动测量值符合规范要求			
	11.调试大纲中规定的其他试验项目			

（15）多路阀　多路阀检查项目如表 5-34 所示。

表 5-34　多路阀检查项目

项目	内 容	交验情况		备注
		合格	不合格	
应交资料	1. 厂家设计文件和图纸			
	2. 第三方检验合格证书			
	3. 电气部件防爆合格证书			
	4. 完工文件			
	5. 出厂试验合格证书			
检查项目	1. 外观完好,无任何锈蚀及外力撞击的痕迹			
	2. 控制面板完好			
	3. 安装正确			
	4. 接线正确			
	5. 防护等级符合要求			
	6. 供电电源正确			
	7. 检查与中控系统通信正常			
	8. 调试大纲中规定的其他检查项目			

项目	内 容	交验情况		备注
		合格	不合格	
试验项目	1. 手动控制功能测试,逐一选择每一个进口,现场手动测试 PLUG 的定位,同时观察在中控系统上的显示位置			
	2. 远程控制功能测试,逐一选择每一个进口,在中控系统上手动测试 PLUG 的定位,观察在中控系统上的显示位置			
	3. 定时自动功能测试,满足设计要求			
	4. 调试大纲中规定的其他试验项目			

（16）多相流量计　多相流量计检查项目如表 5-35 所示。

表 5-35　多相流量计检查项目

项目	内 容	交验情况		备注
		合格	不合格	
应交资料	1. 厂家设计文件和图纸			
	2. 厂家服务工程师现场安装调试交验报告			
	3. 第三方检验合格证书			
	4. 电气部件防爆合格证书			
	5. 放射性元件安全证书			
	6. 撬内现场仪表的标定报告			
	7. 设计竣工文件			
	8. 出厂试验验收报告			
检查项目	1. 外观完好,无任何锈蚀及外力撞击的痕迹			
	2. 安装正确,撬内仪表安装正确			
	3. 接线正确			
	4. 防护等级符合要求			
	5. 供电电源正确			
	6. 与中控通信正常			
	7. 调试大纲中规定的其他检查项目			
试验项目	1. 现场仪表、阀门工作正常			
	2. 流量计算机工作正常			
	3. 流量计算机和中控系统界面符合设计要求			

项目	内　容	交验情况		备注
		合格	不合格	
试验项目	4. 根据最新井流物性参数,完成参数整定			投产后进行
	5. 有条件时进行对比,测试精度满足设计要求			
	6. 调试大纲中规定的其他试验项目			

（17）惰气发生系统　惰气发生系统检查项目如表 5-36 所示。

表 5-36　惰气发生系统检查项目

项目	内　容	交验情况		备注
		合格	不合格	
应交资料	1. 厂家设计文件和图纸			
	2. 操作维修手册			
	3. 使用说明书			
	4. 第三方检验证书			
	5. 质量合格证书			
	6. 一年易损备件清单			
	7. 撬内仪表/安全阀标定证书			
	8. 出厂试验报告、检测报告			
检查项目	1. 总装结构与完工图纸相符,设备安装满足供货商技术要求,附属系统/设备调试完成,备品/备件、专用工具齐全			
	2. 所有仪表/阀门标签齐全,并具相应有效标定证书			
	3. 铭牌齐全,安全警告标示清晰齐全,外部螺栓紧固可靠,各仪表、阀门功能良好,无锈蚀			
	4. 系统管路安装完毕,管线试压及严密性试验合格			
	5. 电气/仪表接线牢固可靠,完成测试并达到供电状态			
	6. 管线试压、吹扫完毕并达到供油、供气状态			
	7. 海水系统(冷却水系统、甲板水封、排海系统)调试完毕,并达到供水和排海状态			
	8. 火气探测、消防系统调试完成,并达到正常工作状态			
试验项目	1. 各种报警、关断功能以及与中控通信功能模拟检测正常			
	2. 各种电机、加热器等电器设备冷/热态绝缘满足设计要求			

项目	内 容	交验情况		备注
		合格	不合格	
试验项目	3. 新风模式试验满足设计流量要求			
	4. 燃油/燃气模式(惰气)试验,流量、压力、温度等满足储油舱和工艺系统要求,调节范围不小于 25%~100%			燃气模式在投产后进行
	5. 惰气含氧量<5%			
	6. 燃油/燃气切换功能正常			燃气模式在投产后进行
	7. 调试大纲中规定的其他试验项目			

（18）化学药剂注入系统 化学药剂注入系统检查项目如表 5-37 所示。

表 5-37 化学药剂注入系统检查项目

项目	内 容	交验情况		备注
		合格	不合格	
应交资料	1. 厂家设计文件和图纸			
	2. 撬内设备的使用说明书			
	3. 第三方检验证书			
	4. 质量合格证书			
	5. 一年易损备件清单			
	6. 操作维修手册			
	7. 最新版 P&ID			
检查项目	1. 总装结构应与图纸相符,附属机件齐全			
	2. 润滑油、润滑脂性能符合设计要求,油位正常			
	3. 附属仪表标签齐全,并具相应有效标定证书			
	4. 铭牌齐全,外观整洁良好,各部螺栓坚固可靠,各仪表、管件及阀门性能良好,无锈蚀			
	5. 确认系统管线安装完毕,管线试压、严密性及吹扫试验合格			
	6. 检查电气设备接线及接地线			
	7. 检查泵机座调平状况及联轴器对中情况是否满足要求			
	8. 调试大纲中规定的其他检查项目			

项目	内 容	交验情况		备注
		合格	不合格	
试验项目	1. 电机冷/热态绝缘检测			
	2. 药剂储罐低液位报警和关断功能试验			
	3. 调试大纲中规定的其他试验项目			

（19）空压机系统　空压机系统检查项目如表 5-38 所示。

表 5-38　空压机系统检查项目

项目	内 容	交验情况		备注
		合格	不合格	
应交资料	1. 厂家设计文件和图纸			
	2. 操作维修手册			
	3. 使用说明书			
	4. 出厂试验报告			
	5. 调试记录表格			
	6. 撬内仪表/安全阀标定证书			
	7. 第三方检验证书			
	8. 质量合格证书			
	9. 一年易损备件清单			
检查项目	1. 总装结构与完工图纸相符,设备安装满足供货商技术要求,附属系统/设备调试完成,备品/备件、专用工具齐全			
	2. 铭牌齐全,安全警告标示清晰齐全,外部螺栓紧固可靠,外观整洁完好			
	3. 系统管路安装完毕,管线试压及严密性试验合格			
	4. 所有仪表/阀门标签齐全,并具相应有效标定证书			
	5. 电气/仪表接线牢固可靠,完成测试并达到供电状态			
试验项目	1. 各种报警、关断功能以及与中控通信功能模拟试验正常			
	2. 主、副机组手动/自动切换试验正常,加卸载功能试验满足设计控制点要求			
	3. 各电机冷/热态绝缘检查			
	4. 干燥器自动切换功能试验正常			

项目	内　容	交验情况		备注
		合格	不合格	
试验项目	5. 仪表/公用气系统的压力参数达到设计值			
	6. 仪表空气的露点满足设计要求			
	7. 压缩机在额定工况下的试运时间不应小于 4h，各项运转参数正常			
	8. 调试大纲中规定的其他试验项目			

（20）火炬放空系统　火炬放空系统检查项目如表 5-39 所示。

表 5-39　火炬放空系统检查项目

项目	内　容	交验情况		备注
		合格	不合格	
应交资料	1. 厂家设计文件和图纸			
	2. 第三方检验证书			
	3. 质量合格证书			
	4. 一年易损备件清单			
	5. 操作维修手册			
	6. 机械完工后最新版 P&ID			
检查项目	1. 总装结构应与图纸相符，附属机件齐全			
	2. 所有仪表标签齐全，并具相应有效标定证书			
	3. 铭牌齐全，外观整洁良好，外部螺栓坚固可靠，各仪表、阀门性能良好，无锈蚀			
	4. 确认系统管线安装完毕，管线试压及严密性试验合格			
	5. 检查电气设备，接线和接地线符合要求			
	6. 调试大纲中规定的其他检查项目			
试验项目	1. 火炬分液罐报警、关断功能模拟试验			
	2. 点火盘功能测试			
	3. 调试大纲中规定的其他试验项目			

（21）井口控制盘　井口控制盘检查项目如表 5-40 所示。

表 5-40 井口控制盘检查项目

项目	内容	交验情况		备注
		合格	不合格	
应交资料	1. 厂家设计文件和图纸			
	2. 厂家服务工程师现场安装调试交验报告			
	3. 厂商提供的盘内仪表和盘外仪表的标定报告			
	4. 第三方检验合格证书			
	5. 盘内主要部件的出厂合格证和厂家技术资料			
	6. 盘内电气元件防爆合格证书			
	7. 备品、备件清单			
	8. 出厂试验报告			
检查项目	1. 井口控制盘外观完好,盘内各元器件外观完好,无锈蚀及外力撞击的痕迹			
	2. 外接气压管线及液压管线外观完好,无任何外力撞击的痕迹,在不低于 1.2 倍额定压力下憋压 48h,无泄漏现象			
	3. 各种按钮、开关、指示灯、指示仪表安装正确,完好无损,工作正常			
	4. 防护防爆等级符合要求			
	5. 进、出接线排列整齐,接线端子号清晰、持久,与中控系统及电潜泵控制盘的接线正确			
	6. 供电电源正确			
	7. 供气气源压力在负载情况下达到规定数值			
	8. 盘内各减压阀及压力开关设定值符合设计规定			
	9. 手动液压泵及气动(或电动)液压泵均工作正常			
	10. 井下安全阀控制管线在采油树入口处必须有手动截止阀			
	11. 接线箱密封完好			
	12. 易熔塞回路安装正确			
	13. 应急关断站安装正确			
	14. 调试大纲中规定的其他检查项目			

海上新开发油气田生产准备良好作业实践

项目	内　容	交验情况		备注
		合格	不合格	
试验项目	1. 单井试验:手动打开和关闭井上及井下安全阀,相关回路液压指示及阀状态指示正常			
	2. 单井试验:自动关闭(包括从中控)井上及井下安全阀,相关回路液压指示及阀状态指示正常			
	3. 多井试验:从井口盘上手动关闭所有井上及所有井下安全阀,相关回路液压指示及阀状态指示正常			
	4. 多井试验:自动关闭(包括从中控)所有井上及所有井下安全阀,相关回路液压指示及阀状态指示正常			
	5. 应急关断站试验:手动关闭所有井上及所有井下安全阀,相关回路液压指示及阀状态指示正常			
	6. 以上试验中,停相应电潜泵的功能满足设计要求			
	7. 调试大纲中规定的其他试验项目			

（22）中央控制系统　中央控制系统包括过程控制系统、应急关断系统和火气探测控制系统等位于中央控制室内的装置。中央控制系统检查项目如表 5-41 所示。

表 5-41　中央控制系统检查项目

项目	内　容	交验情况		备注
		合格	不合格	
应交资料	1. 厂家设计文件和图纸			
	2. 厂家服务工程师现场安装调试交验报告			
	3. 第三方检验合格证书			
	4. 产品合格证书			
	5. 提供用在危险区设备防爆合格证书,防护等级满足设计要求			
	6. 设计竣工文件			
	7. 工厂验收试验报告			
检查项目	1. 硬件设备,按设计配备,外观完好			
	2. 安装正确符合设计文件			
	3. 盘柜和仪表装置的绝缘电阻满足设计要求			

项目	内 容	交验情况		备注
		合格	不合格	
检查项目	4. 接地系统安装正确,接地电阻满足设计要求和产品技术要求			
	5. 接线牢固,排列整齐,接线端子号清晰、持久,符合设计文件要求			
	6. 供电电源正确,电源卡件的输出电压调整到正确值			
	7. 系统中全部设备和全部卡件通电状态进行检查			
	8. 输入输出卡件的校准检查合格			
	9. 调试大纲中规定的其他检查项目			
试验项目	1. 通过直接信号显示和软件诊断程序对系统硬件状态进行检查			
	2. 人机界面画面清晰,布局合理,至少应包括:工艺流程图、公用设备流程图、历史趋势、ESD 系统的旁路(bypass)开关、综合报警画面等			
	3. 所有传送到中控室的各项工艺参数值,在画面上要有即时值显示,单位符合设计要求。流量显示要有即时流量,累积流量及清零功能;所有油井状态,包括井口压力、温度、安全阀状态、电潜泵状态在画面上应有显示			
	4. 在回路的输入端输入模拟被测变量的标准信号进行测试,示值误差不超过现场仪表的允许误差			
	5. 所有控制阀有即时开度显示,并能在操作台上运行手动/自动操作			
	6. 所有重要设备,包括工艺流程中的泵类、发电机、空压机、锅炉等设备,要有运行/停止状态显示			
	7. 所有预报警、极限报警(设备停机、高高或低低工艺参数报警)要在画面上有即时闪烁显示和声光报警,颜色分别为黄色和红色,且所有报警的即时打印要能把上述两种报警区分开来			
	8. 声光报警画面要有确认、复位、试验等功能,且从报警画面上能直接弹出相应的工艺流程图画面			
	9. 在操作台上能手动关 SDV、启 BDV 及关工艺流程图中的泵类,具体试验对象依据 P&ID 确定			
	10. 应能根据实际生产需要打印出所需的各种报表,例如生产日报			
	11. 历史趋势画面,原则上凡送到系统中的数据均应有历史趋势图,历史趋势图要根据工艺流程科学分组			
	12. 对于工艺流程中的复杂控制回路,要有逻辑框图			
	13. 诊断功能试验,满足设计和产品技术要求			

项目	内　容	交验情况		备注
		合格	不合格	
试验项目	14. 通信功能试验,满足设计和产品技术要求			
	15. 冗余功能试验,满足设计和产品技术要求			
	16. 顺序控制功能试验,满足设计和产品技术要求			
	17. ESD 逻辑功能试验,满足设计要求			
	18. 火气探测控制系统逻辑功能试验,满足设计要求			
	19. 旁路开关(bypass)功能试验,ESD 系统和火气探测控制系统的旁路功能及其报警功能符合设计要求			
	20. 调试大纲中规定的其他试验项目			

（23）通信系统　通信系统检查项目如表 5-42 所示。

表 5-42　通信系统检查项目

项目	内　容	交验情况		备注
		合格	不合格	
应交资料	1. 厂家设计文件和图纸			
	2. 承包商现场安装调试交验报告			
	3. 产品合格证书			
	4. 提供用在危险区设备防爆合格证书			
	5. 设计竣工文件			
	6. 工厂试验验收报告			
检查项目	1. 设备铭牌符合设计文件,外观完好			
	2. 安装正确,符合设计文件			
	3. 盘柜、通信设备、天线等装置的绝缘电阻满足设计要求			
	4. 接地系统安装正确,接地电阻满足设计要求和产品技术要求			
	5. 所有电缆、光纤的接线正确、牢固、排列整齐,接线端子号清晰、持久,符合设计文件			
	6. 供电电源正确			
	7. EPIRB 应急无线电示位标功能试验,满足设计要求			
	8. SART 搜救雷达应答器功能试验,满足设计要求			
	9. 调试大纲中规定的其他检查项目			

项目	内 容	交验情况		备注
		合格	不合格	
试验项目	1.VHF-FM 甚高频无线电台功能试验,满足设计要求			
	2.VHF-FM 甚高频无线电话功能试验,满足设计要求			
	3.VHF-AM 对空高频电台功能试验,满足设计要求			
	4.VHF-AM 无线电话功能试验,满足设计要求			
	5.SSB 单边带电台功能试验,满足设计要求			
	6.NDB 全向无线电信标机功能试验,满足设计要求			
	7.UHF-FM 超高频电台功能试验,满足设计要求			
	8. 救生艇筏双向甚高频无线电话功能试验,满足设计要求			
	9.NAVTEX 航行告警接收机功能试验,满足设计要求			
	10.GPS 全球定位系统功能试验,满足设计要求			
	11. 气象站功能试验,满足设计要求			
	12.PA/GA 广播报警系统功能试验,满足设计要求			
	13.PABX 程控电话系统功能试验,满足设计要求			
	14. 卫星电视系统功能试验,满足设计要求			
	15.LAN 局域网系统功能试验,满足设计要求			
	16. 卫星通信系统功能试验,满足设计要求			
	17. 有线通信系统功能试验,满足设计要求			
	18.CCTV 功能试验,满足设计要求			
	19. 调试大纲中规定的其他试验项目			

（24）外输计量系统　外输计量系统检查项目如表 5-43 所示。

表 5-43　外输计量系统检查项目

项目	内 容	交验情况		备注
		合格	不合格	
应交资料	1. 厂家设计文件和图纸			
	2. 厂家服务工程师现场安装调试交验报告			
	3. 厂家标定记录			
	4. 第三方检验合格证书			

项目	内 容	交验情况		备注
		合格	不合格	
应交资料	5. 产品合格证书			
	6. 提供用在危险区设备防爆合格证书			
	7. 法定大流量检定机构的标定检定合格证书			
检查项目	1. 设备铭牌清晰,外观完好			
	2. 安装正确,符合设计文件			
	3. 盘柜和仪表装置的绝缘电阻满足设计要求			
	4. 接系统安装正确,接地电阻满足设计要求和产品技术要求			
	5. 接线牢固、排到整齐,接线端子号清晰、持久,符合设计文件			
	6. 供电电源正确			
	7. 调试大纲中规定的其他检查项目			

（25）照明系统 照明系统检查项目如表 5-44 所示。

表 5-44 照明系统检查项目

项目	内 容	交验情况		备注
		合格	不合格	
应交资料	1. 照明灯具制造厂商、型号、规格清单			
	2. 船级社检验报告			
	3. 防爆灯具合格证书			
	4. 备件清单			
检查项目	1. 铭牌检查			
	2. 涂漆检查			
	3. 灯具完好性检查(含户外灯具密封垫)			
	4. 接地检查			
	5. 灯具清洁性检查			
	6. 灯具安装牢固,电缆连接正确			
	7. 灯具电缆热缩套管完好性检查			
	8. 应急照明灯具的布置			

项目	内　容	交验情况		备注
		合格	不合格	
试验项目	1. 照度测量			
	2. 开关的功能试验			
	3. 应急照明系统自备电池功能试验			
	4. 调试大纲中规定的其他试验项目			

（26）电伴热系统　电伴热系统检查项目如表5-45所示。

表 5-45　电伴热系统检查项目

项目	内　容	交验情况		备注
		合格	不合格	
应交资料	1. 厂家设计文件和图纸			
	2. 第三方检验证书			
	3. 质量合格证书			
	4. 一年易损备件清单			
	5. 操作、维修手册			
	6. 单线图、详细设计图			
	7. 控制原理图			
	8. 所有电气元件的制造厂家、型号、规格			
	9. 开关、保护继电器设定值清单			
检查项目	1. 铭牌检查			
	2. 涂漆检查			
	3. 电气元件完好性检查			
	4. 接地检查			
	5. 盘清洁性检查			
	6. 电缆连接正确性检查			
	7. 三通、尾端等连接件检查			
	8. 保温材料完好性检查			
试验项目	1. 回路漏电保护测试			
	2. 电气元件的功能试验（开关、继电器）			
	3. 绝缘电阻检测			
	4. 系统功能试验（按设计的电气流程图，逐一回路）			
	5. 调试大纲中规定的其他试验项目			

（27）雾笛导航　雾笛导航检查项目如表 5-46 所示。

表 5-46　雾笛导航检查项目

项目	内　容	交验情况		备注
		合格	不合格	
应交资料	1. 厂家设计文件和图纸			
	2. 第三方检验证书			
	3. 质量合格证书			
	4. 一年易损备件清单			
	5. 操作、维修手册			
	6. 单线图、详细设计图			
	7. 控制原理图			
	8. 所有电气元件的制造厂家、型号、规格			
	9. 开关、保护继电器设定值清单			
检查项目	1. 铭牌检查			
	2. 涂漆检查			
	3. 电气元件完好性检查			
	4. 接地检查			
	5. 设备清洁性检查			
	6. 电路检查			
	7. 控制电缆连接正确性检查			
	8. 电缆连接正确性检查			
	9. 相序检查			
	10. 紧固件、连接件检查			
	11. 调试大纲中规定的其他外观检查、回路检查、绝缘检查			
试验项目	1. 绝缘检测			
	2. 电气元件的功能试验(开关、继电器、启动器)			
	3. 联锁试验			
	4. 根据厂商文件进行系统功能试验(按设计的电气流程图)			
	5. 调试大纲中规定的其他试验项目			

（28）消防系统

① 消防水系统　消防水系统检查项目如表 5-47 所示。

表 5-47　消防水系统检查项目

项目	内　容	交验情况		备注
		合格	不合格	
应交资料	1. 消防水系统的完工文件、管路布置图			
	2. 消防泵等有关设备的使用说明书			
	3. 消防水系统的试压报告			
	4. 系统及有关设备的质量合格证书			
	5. 第三方检验证书			
	6. 最新版 P&ID			
检查项目	1. 消防泵的布置符合规范要求			
	2. 确认消防软管站、消防水枪、国际通岸接头设计和安装符合规范要求			
	3. 在寒冷地区水消防系统中经常充水的管线或设施应有防冻措施			
	4. 柴油机驱动的消防泵,应设置启动装置			
	5. 所属阀门、仪表符合设计要求			
	6. 管线经严密性试验畅通不漏			
	7. 调试大纲中规定的其他检查项目			
试验项目	1. 消防水系统功能试验满足设计要求			
	2. 每台消防泵的压力应保证从任何两个口径为 19mm 的水枪喷水时,相应消防软管站能保持 350kPa 的压力			
	3. 调试大纲中规定的其他试验项目			

② 泡沫灭火系统　泡沫灭火系统检查项目如表 5-48 所示。

表 5-48　泡沫灭火系统检查项目

项目	内　容	交验情况		备注
		合格	不合格	
应交资料	1. 泡沫系统的完工文件、管路布置图			
	2. 有关设备的使用说明书			

　海上新开发油气田生产准备良好作业实践

项目	内 容	交验情况		备注
		合格	不合格	
应交资料	3. 泡沫消防系统的试压报告			
	4. 系统及有关设备的质量合格证书			
	5. 第三方检验证书			
	6. 机械完工后最新版 P&ID			
检查项目	1. 确认消防软管站、消防水枪设计和安装符合规范要求			
	2. 泡沫液符合规范要求			
	3. 检查泡沫液罐的液位			
	4. 在寒冷地区使用的泡沫罐应有防冻措施			
	5. 所属阀门、仪表符合设计要求			
	6. 管线经严密性试验畅通不漏			
	7. 调试大纲中规定的其他检查项目			
试验项目	1. 泡沫系统功能试验满足设计要求			
	2. 调试大纲中规定的其他试验项目			

③ 气体消防系统　气体消防系统检查项目如表 5-49 所示。

表 5-49　气体消防系统检查项目

项目	内 容	交验情况		备注
		合格	不合格	
应交资料	1. 厂家文件和图纸			
	2. 质量合格证书			
	3. 系统试压报告			
	4. 第三方检验证书			
	5. 机械完工后最新版 P&ID			
	6. 称重设施工作记录			
检查项目	1. 筒体完整,油漆无脱落			
	2. 筒体有钢印,表明筒体重量、灭火剂重量在可用范围内			
	3. 灭火剂应在使用有效期内			

项目	内　容	交验情况		备注
		合格	不合格	
检查项目	4.喷管不老化、无龟裂、畅通,管道系统无松落、损坏、腐蚀			
	5.气动气瓶的压力及重量符合设计要求			
	6.防护区应设有声、光报警装置及释放延时装置,火灾探测器及联动控制装置完好			
	7.存放箱要符合设计要求			
	8.压力试验确认其管道畅通无泄漏			
	9.调试大纲中规定的其他检查项目			
试验项目	1.整个探测、报警、启动、延时系统试验符合设计要求			
	2.调试大纲中规定的其他试验项目			

（29）救生系统

① 救生艇　救生艇检查项目如表 5-50 所示。

表 5-50　救生艇检查项目

项目	内　容	交验情况		备注
		合格	不合格	
应交资料	1.厂家文件和图纸			
	2.质量合格证			
	3.船检证书			
	4.试验报告			
检查项目	1.应急用品配备齐全			
	2.无损伤变形			
	3.油漆无脱落			
	4.反光带符合要求			
	5.碰撞体是否完好			
	6.周围救生铁索是否完好、牢固;封闭门是否完好;封闭性如何			
	7.应急电台工作正常			
	8.调试大纲中规定的其他检查项目			

项目	内　容	交验情况		备注
		合格	不合格	
试验项目	1. 速度符合要求			
	2. 喷淋试验符合要求			
	3. 艇内空气系统达到 10min 的要求			
	4. 脱钩试验灵活可靠			
	5. 电瓶、照明系统是否良好			
	6. 艇内保险带齐全、牢固			
	7. 艇上目标指示灯应完全有效			
	8. 调试大纲中规定的其他试验项目			

② 吊艇架　吊艇架检查项目如表 5-51 所示。

表 5-51　吊艇架检查项目

项目	内　容	交验情况		备注
		合格	不合格	
应交资料	1. 厂家文件和图纸			
	2. 质量合格证			
	3. 船检证书			
	4. 试验报告			
检查项目	1. 限位装置安全可靠			
	2. 钢丝绳和吊艇索及滑轮良好、无锈蚀			
	3. 调试大纲中规定的其他检查项目			
试验项目	1. 手拉放艇索好用			
	2. 救生艇升、降试验			
	3. 调试大纲中规定的其他试验项目			

③ 起艇机　起艇机检查项目如表 5-52 所示。

表 5-52　起艇机检查项目

项目	内　容	交验情况		备注
		合格	不合格	
应交资料	1. 厂家文件和图纸			
	2. 质量合格证			
	3. 船检证书			
	4. 试验报告			

项目	内　容	交验情况		备注
		合格	不合格	
检查项目	1. 设有手制动和自动调节下降速度的调速制动器			
	2. 所配备的吊索应是无旋转、耐腐蚀的钢丝绳			
	3. 限位器功能正常			
	4. 调试大纲中规定的其他检查项目			
试验项目	1. 提升、下放速度达到设计要求			
	2. 刹车试验可靠			
	3. 手摇起艇灵敏			
	4. 调试大纲中规定的其他试验项目			

④ 救生筏　救生筏检查项目如表 5-53 所示。

表 5-53　救生筏检查项目

项目	内　容	交验情况		备注
		合格	不合格	
应交资料	1. 厂家文件和图纸			
	2. 质量合格证			
	3. 船检证书			
	4. 试验报告			
检查项目	1. 抛放设施完好			
	2. 法定检验合格，并在有效期内			
	3. 放筏图解完好无损			
	4. 调试大纲中规定的其他检查项目			

（30）HVAC 系统　HVAC 系统检查项目如表 5-54 所示。

表 5-54　HVAC 系统检查项目

项目	内　容	交验情况		备注
		合格	不合格	
应交资料	1. 完工设计文件			
	2. 操作维修手册			
	3. 使用说明书			
	4. 出厂试验报告			

项目	内　容	交验情况		备注
		合格	不合格	
应交资料	5. 第三方检验证书			
	6. 质量合格证书			
	7. 一年易损备件清单			
	8. 电气设备防爆证书			
	9. 调试记录表格			
检查项目	1. 设备安装布置与完工图纸相符,满足供货商技术要求,备品/备件、专用工具齐全			
	2. 铭牌齐全,安全警告标示清晰齐全,螺栓紧固可靠,外观整洁完好			
	3. 系统管道安装、吹扫完毕,气动控制管线试压、吹扫完毕,气动控制系统调试完毕,达到备用状态			
	4. 风扇转向、间隙满足安装技术要求			
	5. 风闸密封性满足安装技术要求			
	6. 电气接线牢固可靠,完成测试并达到供电状态			
试验项目	1. 电气设备冷态/热态对地绝缘满足设计要求			
	2. 运转状态下,电压、电流、转速、振动、噪声等参数满足设计要求			
	3. 空调功能试验满足设计要求			
	4. 风机、风闸联锁正常			
	5. 自动、手动关断逻辑正常			
	6. 调试大纲中规定的其他试验项目			

（31）海底管线　海底管线检查项目如表 5-55 所示。

表 5-55　海底管线检查项目

项目	内　容	交验情况		备注
		合格	不合格	
应交资料	1. 详细设计资料			
	2. 完工资料			
	3. 操作手册			
	4. 试压、清管记录			
	5. 气管线干燥记录			

项目	内 容	交验情况		备注
		合格	不合格	
检查项目	1. 海底管线两端的清管球收(发)球器安装完毕,根据压力容器的验收标准验收合格,上面的仪表、安全装置齐全、合格			
	2. 海底管线三通处安装了笸子,笸子安装合格,表面光滑			
	3. 清管作业完成			
试验项目	1. 海管连接完工后,施工单位从发球器发射 1 个符合设计要求的清管器(球),收球器收到的清管器(球)无裂缝、磨损不严重,作为海管机械完工的标志			
	2. 调试大纲中规定的其他试验项目			

（32）海底电缆　海底电缆检查项目如表 5-56 所示。

表 5-56　海底电缆检查项目

项目	内 容	交验情况		备注
		合格	不合格	
应交资料	1. 厂家设计文件和图纸			
	2. 第三方检验证书			
	3. 质量合格证书			
	4. 操作、维修手册			
	5. 有关电气附件(如海缆接线箱)的制造厂家、型号、规格			
检查项目	1. 铭牌检查			
	2. 涂漆检查			
	3. 电气元件完好性检查,如海缆接线箱内的空间加热器			
	4. 接地检查			
	5. 海缆接线箱清洁性检查			
	6. 光纤缆连接正确性检查			
	7. 动力电缆连接正确性检查			
	8. 相序检查			
	9. 紧固件、连接件检查			
	10. 调试大纲中规定的其他外观检查、回路检查			

项目	内 容	交验情况		备注
		合格	不合格	
试验项目	1. 耐压试验			
	2. 绝缘电阻检测			
	3. 调试大纲中规定的其他试验项目			

（33）单点　单点检查项目如表 5-57 所示。

表 5-57　单点检查项目

项目	内 容	交验情况		备注
		合格	不合格	
应交资料	1. 厂家设计文件和图纸			
	2. 材料、设备的第三方检验证书及整套系统的第三方检验证书			
	3. 一年易损备件清单			
	4. 操作维修手册			
	5. 设备出厂试验报告、检测报告			
	6. 使用说明书			
	7. 仪表/安全阀标定证书			
	8. 电气、仪表设备防爆证书			
	9. 质量合格证书			
	10. 设备安装检验报告			
检查项目	1. 整体结构、设备安装状态与完工图相符,备品/备件、专用工具齐全			
	2. 所有仪表/阀门标签齐全,并具相应有效标定证书			
	3. 油、气、水、液压及其他辅助系统管线连接完毕,压力、严密性试验合格;备用通道盲法兰密封良好,无泄漏			
	4. 电气/仪表接线正确、牢固,完成测试并达到供电状态			
	5. 控制系统、火气探测系统、ESD 系统与中控的通信调试完成,并达到备用状态			
	6. 消防系统调试完成,并达到正常工作状态			
	7. 导航系统调试完成,并达到备用状态			
	8. 开/闭排系统、收发球装置调试完成,并达到备用状态			

项目	内 容	交验情况		备注
		合格	不合格	
试验项目	1. 主轴承旋转灵活,满足供货商技术标准			
	2. 旋转头转动试验满足供货商技术标准			
	3. 吊机及起重设备的性能试验满足最大设计起重能力,各项安全保护功能良好			
	4. 电滑环耐压试验合格;绝缘电阻检测合格			
	5. 液体旋转头耐压试验合格			
	6. 气体旋转头耐压、严密性试验合格			
	7. 液压系统试验合格,压力正常,无泄漏,液压关断、保护装置工作正常			
	8. 安装绞车功能/性能试验合格			
	9. 光滑环/弱电滑环功能试验合格			
	10. 软管耐压试验合格			
	11. 合同中规定的其他测试项目			
	12. 调试大纲中规定的其他测试项目			
	13.《单点系泊装置建造与入级规范》(SY/T 10032—2000)中规定的其他有关试验项目			

（34）钻/修井机　修井机按设计完成机械完工和功能试验。若《投产方案》中修井机要参与某些生产井的投产，修井机应处于良好待用状态，至少满足应急压井要求。钻/修井机检查项目如表 5-58 所示。

表 5-58　钻/修井机检查项目

项目	内 容	交验情况		备注
		合格	不合格	
应交资料	1. 厂家设计文件和图纸			
	2. 质量合格证书			
	3. 第三方检验证书			
	4. 操作使用说明书			
检查项目	1. 所有柴油机燃料和机油已加足,冷却液适量			
	2. 滚筒钢丝绳排绳整齐,无压绳和乱绳现象			
	3. 移动液压缸无漏油,管线接头无漏油、无打扭现象、螺栓、销子无松动			
	4. 泥浆泵排量、压力满足设计要求			

项目	内 容	交验情况		备注
		合格	不合格	
检查项目	5. 防喷器的储能器加满油			
	6. 各种修井作业专用工具齐全,满足作业要求			
	7. 照明系统完好,满足现场作业要求			
	8. 各种标识明显、正确、完善			
试验项目	1. 柴油机运转正常,仪表机油压力、水温正常,变矩器油压、挡位动作、润滑冷却系统正常,传动装置工作无异响、无异常振动和不良发热			
	2. 滚筒在不同挡位运转平稳、无异响、无异常振动且无不良发热;游车大钩能从最高位置自由顺利下落;防碰天车工作正常;循环冷却系统工作正常,无泄漏和窜水现象;液力刹车工作正常,满足设计要求,操作灵活;天车工作正常,无异响			
	3. 井架起、放、升、缩四个动作正常,无卡阻和爬行现象,起放/升缩油缸动作同步,油缸不漏			
	4. 上下底座移动正常,移动液压缸无卡阻和爬行现象,移动同步			
	5. 泥浆混合泵、搅拌器、泥浆枪等工作正常、可靠,管线无泄漏			
	6. 防喷器接通电源后储能器启动,工作正常,系统无压降,防喷器开关动作灵活,关闭时间小于 20s,管线及接头无泄漏;远程控制可靠灵活(若有)			
	7. 液压绞车运转正常,刹车灵活,油管钳运转平稳,操作手柄灵活可靠,启动卡瓦开、合动作灵活,管线无漏气现象,猫头上扣压力满足设计要求			
	8. 司钻控制台的各阀门操作灵活,各种压力、指重、流量、转速和转矩表显示准确,反应灵敏			

5.3 联合调试

5.3.1 工艺系统完整性检查

工艺系统完整性检查项目如表 5-59 所示。

表 5-59　工艺系统完整性检查项目

项目	内　容	完成情况		备注
		合格	不合格	
准备工作	1. 开盖检查的容器清单			
	2. 最新版 P&ID			
检查项目	1. 确认已完成工艺流程的完整性检查。具体检查的内容如下： ① 流程走向是否与最新版 P&ID 相符； ② 各种阀门、仪表的安装和位置是否符合有关规范和最新版 P&ID； ③ 所有垫片是否符合标准； ④ 单管试压时遗留的盲板是否取出，螺栓是否上紧； ⑤ 流量计孔板、PSE 膜片是否安装，流量计、安全阀是否标定； ⑥ 滤器是否洁净； ⑦ 放空口盲板、丝堵、管帽是否齐全； ⑧ 各仪表电源、气源是否接通； ⑨ 高空、死角处的阀门能否操作； ⑩ 各种阀门手柄或手轮是否齐全并能灵活操作			
	2. 确认系统内设备、管线按照管道系统吹扫与清洗程序进行，并达到合格标准			
	3. 容器已完成开盖检查，确认容器内部构件齐全，内部结构安装合理，流程吹扫后容器内无杂物，垫片符合要求			

5.3.2　工艺系统的压力试验

工艺系统的压力试验记录如表 5-60 所示。

表 5-60　工艺系统的压力试验记录

项目	内　容	完成情况		备注
		合格	不合格	
准备工作	1. 压力试验遵循的程序和标准			
	2. 压力试验范围及流程示意图			
试验记录	压力试验记录表应包括如下内容： ① 试验系统范围； ② 系统设计压力； ③ 试验压力； ④ 稳压 10min 后系统压降； ⑤ 试验准备程序； ⑥ 安全注意事项；			

项目	内　容	完成情况		备注
		合格	不合格	
试验记录	⑦ 试验程序和标准； ⑧ 压力开关(报警/关断)、液位开关(报警/关断)及安全阀的设定值； ⑨ 发现问题和整改情况； ⑩ 试验结论； ⑪ 试验时间、记录人和审核人签字			

5.3.3　工艺系统的严密性试验

工艺系统的严密性试验记录如表 5-61 所示。

表 5-61　工艺系统的严密性试验记录

项目	内　容	完成情况		备注
		合格	不合格	
准备工作	1. 严密性试验执行程序和标准			
	2. 严密性试验范围及流程图			
试验记录	1. 试验系统范围			
	2. 各级试验压力			
	3. 最终试验压力			
	4. 在最终试验压力下稳压 30min 后系统压降			
	5. 试验准备程序			
	6. 安全注意事项			
	7. 试验执行的程序和标准			
	8. 发现问题和整改情况			
	9. 试验时间、记录人和审核人签字及试验结论			

5.3.4　工艺系统的水循环试验

工艺系统的水循环试验项目如表 5-62 所示。

表 5-62　工艺系统的水循环试验项目

项目	内　容	完成情况		备注
		合格	不合格	
准备工作	1. 流程连接完毕,已经过流程完整性检查,系统压力和气密试验完毕			
	2. 参与水循环系统/设备清单			
	3. 完成液位仪表检查和调校标定			
	4. 水源可稳定供水,气源可稳定供气,水源介质(淡水/海水)及其压力和流量,气源介质(氮气/压缩空气)及其压力,如用海水循环应注入缓蚀剂			
	5. 控制仪表通电、通气			
	6. 排水软管已安装并固定好,且确定水源压力不超过软管的破裂压力			
试验项目	1. 温度、压力(压差)、液位仪表显示良好,功能正常			
	2. 流量仪表要在额定工况下运行,对比检查流量仪表的计量与中控系统的显示是否一致			
	3. 对于现场的调节器和调节阀,进行回路和全行程运行,功能验证无误,并在额定工况下能稳定运行			
	4. 各种手动阀门,在额定工况下,开启及关闭操作灵活,开启通畅,关闭严密			
	5. 对于现场的各种检测开关(报警和关断),要进行在模拟运行工况下的试验检查			
	6. 对于工艺设备的现场控制盘,要按设备调试大纲进行严格调试			
	7. 控制仪表的检查试验 ① 在量程范围内,检查输入、输出信号; ② 整定各种参数; ③ 与执行机构的全量程的调试			
	8. 中控系统与现场仪表的联合调试 ① 报警显示盘功能试验,满足设计要求; ② DCS(或其他中控)系统功能试验,满足设计要求; ③ PLC 系统功能试验,满足设计要求; ④ 火气探测系统功能试验,满足设计要求			
	9. 计量仪表系统检查试验 现场计量与中控显示瞬时流量、累计流量对比检查试验			

5.3.5 火气探测控制系统联动试验

联动试验在火气探测控制系统承包商供货范围内的单系统调试完成后进行，主要试验与消防系统、HVAC 系统、通信系统、ESD 系统、其他火灾探测报警系统之间的联动。本试验（及其调试大纲）依据火灾探测控制系统因果图逐一进行检查，应满足该图的要求。

火气探测控制系统联动试验记录如表 5-63 所示。

表 5-63　火气探测控制系统联动试验记录

序号	内　容	完成情况		备注
		合格	不合格	
1	与消防系统的联动试验，满足设计要求			
2	与 HVAC 系统的联动试验，满足设计要求			
3	与通信系统的联动试验，满足设计要求			
4	与 ESD 系统的联动试验，满足设计要求			
5	与其他火灾探测报警系统之间的联动试验，满足设计要求			
6	调试大纲中规定的其他试验项目			

5.3.6 中控系统联调

中控系统联调在过程控制系统单系统调试、现场仪表标定及回路接线检测、机械设施单机调试完成后进行，主要实验内容为现场仪表、成套设备的控制系统、MCC、ESD 系统等功能试验。本试验配合工艺系统、机械设备、电气设备等装置的试验进行。本试验依据 P&ID 图、过程控制系统逻辑控制图或火灾探测控制系统因果图等设计文件进行，应满足这些设计文件的要求。

中控系统联调记录如表 5-64 所示。

表 5-64　中控系统联调记录

序号	内　容	完成情况		备注
		合格	不合格	
1	与变送器的试验，在中控系统上的示值正确，示值误差满足相关规范要求			

序号	内 容	完成情况		备注
		合格	不合格	
2	与执行机构的试验,通过操作站向执行器发控制信号,执行机构的全行程动作方向正确,在操作站的位置示值和就地示值相符			
3	对控制回路整定,满足控制对象的要求			
4	与开关量仪表的试验,开关状态、声光报警的级别和颜色满足设计要求,报警点正确,报警的颜色正确,与装置的真实状态相符,报警打印正确			
5	成套设备控制系统的试验,输入到中控系统的信号满足设计要求,示值误差满足有关规范的要求,接收、输出正确			
6	与 MCC 之间的试验,对各机械设备的控制功能满足设计要求,状态显示和真实状态一致			
7	与 ESD 系统的联动试验,满足设计要求			
8	顺序控制系统功能试验,满足设计要求			
9	与火灾探测系统的联动试验,满足设计要求			
10	在陆上远程监控海上控制系统的各项功能试验满足设计要求			
11	调试大纲中规定的其他试验项目			

5.3.7 系统关断试验

本试验(及其调试大纲)依据应急关断系统因果图,从低级到高级逐一进行试验,确认全部逻辑关系准确无误。系统试验中,应与相关专业配合并对试验过程中相关设备和装置运行状态和防护采取必要措施。

因果关系中所涉及的全部声光报警,在中控显示、动作及报警复位、报警打印准确无误。

系统关断试验记录如表 5-65 所示。

表 5-65 系统关断试验记录

序号	内 容	完成情况		备注
		合格	不合格	
1	ESD4 级关断试验,符合设计要求			
2	ESD3 级关断试验,符合设计要求			

序号	内　容	完成情况		备注
		合格	不合格	
3	ESD2 级关断试验，符合设计要求			
4	ESD1 级关断试验，符合设计要求			
5	平台之间、平台和陆上终端之间的 ESD 关断试验，符合设计要求			
6	有关断时间要求的 ESDV 的实际关断时间符合设计要求			
7	因果关系中所涉及的全部声光报警，在中控显示、动作及报警复位、报警打印准确无误			
8	调试大纲中规定的其他试验项目			

5.3.8 工艺系统惰化

工艺系统惰化记录如表 5-66 所示。

表 5-66　工艺系统惰化记录

项目	内　容	完成情况		备注
		合格	不合格	
准备工作	1. 惰性气体惰化操作规程已完成			
	2. 惰化流程图			
	3. 所使用的惰性气体已备好			
	4. 含氧分析仪已准备好			
	5. 惰性气体、特制接头、不锈钢管线已经备齐			
系统惰化	1. 热介质系统全封闭流程惰化			
	2. 丙烷制冷系统全封闭流程惰化			
	3. 气处理系统全封闭流程惰化			
	4. 海底输气管线惰化			
	5. 液化气储运系统全封闭流程惰化			
	6. 原油处理系统水循环后，流程管线内充满淡水，各容器部分充满淡水，因此只对容器的气相空间进行惰化			
	7. 污水处理系统水循环后，流程管线内充满淡水，各容器部分充满淡水，因此只对容器的气相空间进行惰化			
标准	惰化后系统的含氧浓度<5%			

5.3.9　系统压力试验标准

投产运转之前，管道和容器组成的系统应进行强度检查，应采用洁净的水进行压力试验，除非它对操作流体有不利影响。其他用于压力试验的任何易燃液体，其闪点必须在65℃以上。同一系统中包括不同等级的压力级别时，应根据不同的设计压力分别进行压力试验。

① 当对一个系统试压时，应该隔离不能承受试验压力的设备和仪表，如：泵、涡轮机和压缩机；爆破片和安全阀；转子流量计和容积式流量计；其他不能参与试压的设备和仪表。

② 下列设备应试验到设计压力，然后隔离：

a. 指针式压力表，当试验压力超过压力表量程范围的时候应隔离；

b. 外浮力式液位仪表，当浮子（标）或浮筒的额定压力小于试验压力时，浮子（标）或浮筒应试验到设计压力，然后将仪表与系统隔离。

③ 试验压力为设计压力的1.25倍。

④ 液压试验应在确保安全的前提下缓慢升压至试验压力的30%和60%，分别稳压30min，检查无变形、无渗漏后，缓慢升压至试验压力，稳压2h，以压力不降、无渗漏为合格。为保证安全，卸压应缓慢进行。

⑤ 如果在试验中发现泄漏，不得带压修补。缺陷修补合格后，应重新试压。

⑥ 试验用的压力表已经检定合格，并在有效期内，其准确度不得低于1.5级，表的满刻度值为试验压力的1.5～2倍，压力表不少于2块。

注：本标准参照ISO 13703：2000、ASME B31.3和GB 50235—2010制定。上述标准中有关压力试验内容如遇更新，应按修订后的标准修订试验内容。

5.3.10　系统气体严密性试验标准

对于工作介质为可燃流体或有毒流体的系统应进行严密性试验，试验介质采用空气或氮气。同一系统中包括不同等级的压力级别时，应根据不同的设计压力分别进行严密性试验。

① 严密性试验应在压力试验合格后进行，试验压力为操作压力的1.1倍，但不高于设计压力。

② 试验时压力应缓慢增加到试验压力的 30% 和 60%，并且保持此压力 30min，用高发泡溶液对各连接处检查。如果没有发现渗漏，继续缓慢增高压力，最终升压至试验压力，以高发泡溶液检查所有连接处无泄漏，稳压 6h，压降小于 1% 为试验合格。为保证安全，卸压应缓慢进行。

③ 如果发现泄漏，应在系统卸压后进行维修，维修后重新进行严密性试验。

④ 在保证安全的前提下，安全阀和爆破片应在升压至其设定压力前隔离；系统内的其他仪表应随工艺系统一起进行试验。

⑤ 试验用的压力表已经检定合格，并在有效期内，其准确度不得低于 1.5 级，表的满刻度值为试验压力的 1.5~2 倍，压力表不少于2 块。

⑥ 对于用气体进行严密性试验引起的不安全因素应给予足够重视，在试验过程中要采取专门的预防措施，并在试验过程中密切监视，确保试验安全进行。

注：本标准参照 ISO 13703：2000、ASME B31.3 和 GB 50235—2010 制定。上述标准中有关严密性试验内容如遇更新，应按修订后的标准修订试验内容。

参 考 文 献

[1] 海洋石油工程设计指南编委会. 海洋石油工程设计指南 [M]. 北京：石油工业出版社，2018：3-20.

[2] 王定亚. 海洋水下井口和采油装备技术现状及发展方向 [J]. 石油机械，2011，39（01）：75-77.

[3] 衣华磊. 深水气田水下井口开发水合物抑制研究 [J]. 中国海上油气，2012，（05）：58-61.

[4] 中海石油（中国）有限公司. 海上油（气）田投产检查和验收指标 [S]，2015：1-75.

[5] 中海石油（中国）有限公司. 中海石油建设项目生产设施安全竣工验收指南 [S]，2015：1-8.

[6] 中海石油（中国）有限公司. 中海石油（中国）有限公司设备设施完整性管理体系文件试运行方案编制作业指导书 [S]，2013：1-32.

[7] 闫光灿，刘建民. 气田节能降耗技术 [J]. 天然气与石油，2001，（02）：58-64.

[8] 许乐，许浩浩. 气田节能技术应用现状 [J]. 化工管理，2013，（16）：222.

[9] 欧阳铁兵. 崖城 13-1 气田开发中后期排水采气工艺 [J]. 天然气工业，2011，（08）：25-27.

[10] 陈科贵. 柱塞气举排水采气工艺在定向井中的优化设计与应用 [J]. 断块油气田，2014，（03）：401-404.

[11] 刘胜国. 天然气处理工艺流程优化研究 [J]. 上海化工，2014，（07）：342-346.

[12] 蒋洪. 凝析天然气处理工艺方案研究 [J]. 石油与天然气化工，2000，（05）：233-236.

[13] 毛敏华，陶少雄. 设备选型评价模型与应用研究 [J]. 价值工程，2012，（21）：55-58.

[14] 段伟伟. 浅析项目计划管理 [J]. 汽车实用技术，2015，（05）：133-136.

[15] 姚奋超. 项目计划管理在软件研发中的应用研究 [J]. 合肥学院学报（自然科学版），2007，（03）：30-33.

[16] 黄得承. 建设项目的费用控制以及项目费用管理系统的需求 [J]. 管理工程学报，2005，（S1）：62-66.

[17] 朱雅娜. 工程项目安全管理发展现状及趋势分析 [J]. 时代金融，2013，（09）：64-65.

[18] 王立海. 项目管理理论在施工项目安全管理中的应用 [J]. 哈尔滨工业大学学报（社会科学版），2007，（03）：123-126.

[19] 张子海. 项目质量管理分析 [J]. 项目管理技术，2009，（08）：88-92.

[20] 王恩茂. 施工项目质量管理模式研究 [J]. 项目管理技术，2004，（06）：60-63.

[21] 王延树. 项目管理与项目组织研究结构与分析 [J]. 盐城工学院学报（自然科学版），2010，（03）：6-13.

[22] 王登来. 加强工程项目党建管理的思考 [J]. 当代电力文化，2014，（01）：62-63.

[23] 王军. "互联网＋党建"三维互联管理实践 [J]. 石油人力资源，2018，（01）：73-79.

[24] 徐浩. 国际工程项目管理中的工会组织管理 [J]. 云南科技管理，2012，（05）：159-161.

[25] 中海油研究总院. 文昌 9-2/9-3/10-3 气田群总体开发方案 [Z]，2013：87-126.